Ein Brief an den Wolf

Lieber Wolf, mit diesem Brief wende ich mich direkt an dich, denn die Nachrichten aus den Bergen beschäftigen mich, obwohl ich in meinem Alltag nicht direkt betroffen bin von dem, was zwischen dir, den Schafen und den Menschen passiert.

Du lässt die Nächte meiner Freunde, die eine mittelgrosse Schafherde halten, schlaflos werden, denn seit du in die besiedelten Täler gekommen bist, wird Wirklichkeit, was sie so lange schon fürchteten: Du brichst in die Herden ein und reisst, was immer dir zwischen die Zähne kommt. Die jungen, die alten, die Lieblingsschafe. Vor dem Anblick nach deinem Einbruch auf der Weide graut dem Schäfer, denn er hat zu seinen Tieren eine Beziehung. Diese idealistisch gesinnten Schafbauern haben keine seelenlose Massenhaltung. Manchmal sind gar echte Freundschaften zwischen Schaf und Mensch entstanden. Das Traurigste ist, dass diese mittelgrossen Schafbauern in den Alpen wohl früher oder später die Schafhaltung aufgeben oder auf Hobbygrösse reduzieren müssen, denn aus geographischen, touristischen und weiteren Gründen können sie ihre Schafe nicht genügend vor dir schützen. Sie haben keine Lobby. Bleiben werden also die gut kontrollierbaren, anonymen Grossbetriebe, die der Staat gerne subventionieren wird, und diejenigen, die sich als Hobby fünf Schafe halten.

Bevor es so weit kommt, wende ich mich direkt an dich. Der einzige Ausweg scheint mir, mit dir ins Gespräch zu kommen und dir einen Kooperationsvorschlag zu machen. Wolf, wisse, ich liebe und achte dich in deiner wilden Form und ich liebe und achte dich in den Hunden, die zum Beispiel meinen Freunden bei der Arbeit mit den Schafen unermessliche Dienste tun.

Was meinst du dazu: Lässt du mit dir reden? Können Mensch und Wolf zu einer einvernehmlichen Lösung kommen, auch wenn dies zuerst einmal absurd erscheint? Oder bist du deiner Biologie, deinem Instinkt so absolut ausgeliefert, dass du einfach reissen musst, was schwächer ist als du und was deinem vermeintlichen Rudel das Überleben sichern würde? Du bist ja heutzutage meistens allein unterwegs, und ein einzelnes Tier würde dir längst genügen für ein paar Tage Ruhe im Magen.

Wie wäre es, wenn du das, was du zum Leben brauchst, in den besiedelten Gegenden geschenkt bekämst von uns? Wenn wir Bauern mit der Unterstützung aller und zusammen mit den Behörden dir dieses Versprechen geben, es organisieren und einhalten, mit der Botschaft: Du, Wolf, bist ein Wunder der Schöpfung. Genauso wie alle anderen Geschöpfe auch. Jedes auf seine einzigartige Weise. Aber die Zeiten des Stärkeren sind vorbei. Heute geht es darum, dass alle Wesen in Frieden miteinander leben lernen. Das ist neu – für uns alle! Das ist vollkommen neu. Wir Menschen müssen es lernen, ihr Wölfe müsst es lernen. Die Schafe können es bereits. Sie verkörpern etwas, was dir und uns fremd ist: Sie wehren sich nicht, sondern willigen ein in das, was mit ihnen geschieht.

Bist du dabei? Es würde heissen, dass die Natur die Kultur nicht so bedroht, dass diese verschwinden muss. Und umgekehrt.

Wie wäre es, wenn wir alle mit dem alten Krieg endlich aufhören würden, wenn wir einen Frieden schliessen würden, in dem jedes Wesen seinen Platz hat?

Lässt du mit dir verhandeln? Unsere Hand ist ausgestreckt.

Eva-Maria Wilhelm

Autorinnen

Wie ich aufs Schaf kam

Meine erste Begegnung mit den Schafen hatte ich, als ich etwa drei oder vier Jahre alt war. Ich bekam ein Spielzeuglamm geschenkt, das einem echten Lamm verblüffend ähnlich sah. Wer nicht wusste, dass es aus Webpelz war, hätte es für echt halten können. Es war mein Lieblingstier und hatte keinen speziellen Namen, es hiess einfach «Lämmchen». Um den Hals legte ich ihm ein Lederband, dafür musste ein Fotoalbum geopfert werden. Ich wollte mein Lämmchen an einem Halsband spazieren führen.

Das Spielzeuglamm ist irgendwann verschwunden. Heute würde ich das Lämmchen von damals gerne wiedersehen. Aber es bleibt verschwunden.

Als Mädchen hatte ich eine besondere Liebe zu Wolle, die färbte ich und spann sie, in immer wieder neuen Varianten. Gegen Ende der Schulzeit kaufte ich mir dann auch ein eigenes Spinnrad. Was versponnen war, musste auch verstrickt werden. Die Freude an der Wolle und am Stricken begleitet mich seither.

Anstelle des gesuchten Spielzeuglämmchens fand ich eines schönen Abends ein Inserat, in dem ein Schafhalter in den Schweizer Bergen eine Betreuerin für seine Schafe suchte. Ich weiss nicht warum, aber mir war schlagartig klar, dass ich genau das tun wollte. Ich gab meinen grafischen Beruf auf und stürzte mich in ein Abenteuer, das mein Leben verändern sollte. Die Liebe zu den Schafen und zur Bergwelt mit ihren immer von Neuem überwältigenden Stimmungen hat mich den Platz auf der Erde finden lassen, an dem ich das leben kann, wonach ich mich, ohne es zu wissen, immer gesehnt habe. Und es geht mir dabei wie den Schafen: Ruhe ist ein labiler Zustand. Ein Stündchen am Abend auf der Weide oder im Schafstall, wenn alle zufrieden wirken, erfüllt mich mit tiefer Freude, die ich nicht vergesse, wenn im nächsten Augenblick irgendwo Not ist, die es zu lindern gilt.

Katharina Favre

Der rote Faden

Ganz am Anfang meiner unerklärlich tiefen Liebe zu den Schafen steht wohl ein Schlaflied: «Nina, Chindli schlof, uf de Matte weide d Schof, dund im Stall sind d Lämmeli, schlof mis lieb chli Ängeli.» Es ruft eine geborgene Kindheitsstimmung in Erinnerung, die Zeit vor dem Einschlafen.

Ich war in einer Zeit Teenager, in der das Stricken hoch im Kurs stand. Am Gymnasium strickten selbst die jungen Männer ihre Schals, Mützen und Gilets. Das nannte sich Emanzipation, nachdem das Frauenstimmrecht erst wenige Jahre zuvor Realität geworden war. Die ganz Verrückten schlossen sich zusammen, um gemeinsam naturbelassene Wolle aus Griechenland zu importieren. Wir streiften durch die Wälder und sammelten Farn, um die Wolle mit jenem Grün zu färben, das uns in der Landschaft unsichtbar werden liess. Es war die Zeit des Kalten Kriegs. Wir brauchten dicke, warme Pullover.

Mit zwanzig nahm ich eine Auszeit, um das wirkliche Leben kennen zu lernen. Mit meinem ersten Verdienst kaufte ich zusammen mit einem Freund fünf Schafe – eines davon ein Bock –, die wir einem Tessiner Bergbauern zur Existenzgründung schenkten. Dafür verbrachte ich dann die Ferien bei den Schafen, denn Geld hatte ich ja keines mehr.

In Form von Schaffellen, Wollleibchen und Windelhöschen aus unentfetteter Wolle für meine Kinder zog sich die Liebe zu den Schafen weiter wie ein roter Faden durch mein Leben. Auch sie bekamen das Lied von den Lämmchen gesungen, und auch meine kleine Enkelin schläft dabei manchmal selig ein. Das Schönste aber ist, dass ich durch dieses Buch nach einem Vierteljahrhundert wieder Lust aufs Stricken bekommen habe. Und ich staune, wie beruhigend das ist – und dass die Wolle von heute so gar nicht mehr kratzt!

Eva-Maria Wilhelm

Die Böcke

Zu meinen Böcken habe ich ein ganz besonderes Verhältnis. Sie bekommen stets einen Namen. Entweder Giuseppe, kurz Seppi, Hermann, Jürgen, oder – bei schwedischer Abstammung – Nils Holgersson oder Lars Mikkelsen, wie der gleichnamige Schauspieler, der zwar ein Däne ist, aber Lars Mikkelsen, der Bock, hatte eine frappierende Ähnlichkeit mit diesem, dasselbe Dreiecksgesicht mit der breiten Stirn. Bei aller Ehre, vielleicht ist es gut, dass der Schauspieler nicht weiss, dass einer unserer Böcke nach ihm benannt ist.

Meine Böcke sind die Grundlage für die Zucht. Die unterschiedlichen Rassen faszinieren mich, und als Züchterin reizt es mich natürlich, immer neue Variationen zu erforschen. So kann die Mischung des speziellen Fells der Gotlandschafe und der vertrauensvolle Charakter des WAS-Schafs eine ganz faszinierende Kombination ergeben. Aus dieser Leidenschaft für Experimente und manchmal auch aus Gründen der Freundschaft habe ich immer mehr Böcke als eigentlich notwendig. Sie leben zusammen in der Bockgruppe und scheinen sich da richtig wohl zu fühlen. Meistens sind sie sehr friedlich miteinander. Wenn ihnen danach zumute ist, liegen sie ganz nah beieinander, Körper an Körper in vollkommener Entspannung. Aber natürlich wird ab und zu auch gerangelt, einfach um die eigene Kraft zu erproben und bestimmte Verhältnisse klarzustellen. Aber wenn ein Bock die Gruppe verlassen muss, vermissen ihn die anderen, das spüre ich ganz genau.

Ich kann die Zeit vollkommen vergessen, wenn ich bei ihnen bin. Wir sind in einer wortlosen Kommunikation, aber irgendwie erfahre ich so vieles über sie und es entstehen im Laufe der Zeit richtige Beziehungen. Ohne die Bockgruppe würde mir ganz einfach etwas fehlen. Obwohl die körperlichen Begegnungen manchmal auch sehr schmerzhaft sein können! Böcke haben einfach sehr viel Kraft und in den Genen liegt das Kämpfen unter ihresgleichen. Aus diesem Grund sollte man Böcke niemals am Kopf streicheln: Sie betrachten einen dann als jemanden ihresgleichen und man kommt in den Genuss einer kollegialen Behandlung, wozu ja eben das Stossen und Kämpfen gehört.

Seppi hatte mich in den Kreis der Böcke aufgenommen, ohne dass ich ihn je am Kopf gekrault hätte. Aus purer Kameradschaft … Von ihm habe ich so manchen blauen Fleck davongetragen! Wie entspannend, dass die Gattung Homo sapiens in diesem Punkt nicht wie ein Schafbock reagiert. Mir würde es eindeutig fehlen, wenn ich meinen Mann nicht mehr am Kopf kraulen dürfte.

Die meisten hätten uns wahrscheinlich geraten, sie einfach abzuknallen, denn der Aufwand, sie von dort zu bergen, wäre ihnen zu gross gewesen. Für eine Kuh kommt der Heli, aber für ein Schaf kommt nur die Kugel. Daniel benachrichtigte seinen Sohn, welcher ein erfahrener Kletterer ist, und bat ihn um Hilfe, denn für die Bergung waren mindestens zwei Kletterer nötig. Die beiden konnten schliesslich gemeinsam die Au aus ihrer misslichen Lage befreien und wohlbehalten ins Tobel abseilen.

Mit zweien der Hunde haben wir schon ähnliche Geschichten erlebt. Manchmal kann es passieren, dass die Hunde während der Arbeit einen sehr weiten Bogen laufen, den sie dann wegen der Beschaffenheit des Geländes nicht mehr rückwärts gehen können. Und plötzlich hängen sie irgendwo fest und kommen ohne Hilfe nicht mehr weg. Das grösste Problem ist, sie überhaupt zu finden. Zweimal haben wir schon einen ganzen Tag lang gesucht. Zum Glück konnten beide Hunde, ebenfalls durch die Hilfe von erfahrenen Kletterern, gerettet werden.

Gefahren lauern überall in den Bergen. In so einer Situation gibt es für uns nichts anderes, als unter Abruf alles Menschenmöglichen ein Tier zu retten. Es ist von uns abhängig und es ist in Not. Wir können es nicht im Stich lassen oder einfach abschiessen. Das hat nichts damit zu tun, dass wir den Tod nicht akzeptieren würden. Aber ein Tier einfach so seinem Schicksal zu überlassen, kommt für uns nicht in Frage. Es muss wieder zurück zu seiner Herde. Vorher finden wir keine Ruhe.

Das verlorene Schaf

Hier in den Bergen kann es immer wieder vorkommen, dass ein Schaf oder ein Hund verloren geht. Das Gelände ist voller unvorhersehbarer Abgründe oder Rüfen, in denen man schnell einmal den Halt verliert. Ein unvergessliches Drama erlebten wir mit einer Schafgruppe, die noch nicht lange bei uns war und weder an die Gegend noch an uns und die Hunde gewöhnt war.

Als die Hunde eines Tages die ganze Herde, welche draussen frei weidete, einsammeln sollten, wurden die Neuen irgendwie von den andern abgesprengt. Sie flüchteten in den nahe gelegenen Wald, welcher an eine steile Felswand grenzt.

Wir begaben uns in den Wald, um die verlorene Schafgruppe zu suchen. Nach einigem Suchen fanden wir sie auch. Sie befand sich an einem schon ziemlich gefährlichen Ort, und auf gar keinen Fall durften wir sie weiter in Richtung Steilhang drängen. Zum Glück war es gerade noch möglich, den erfahrensten der Hunde vorsichtig um die Schafe herumzuschicken und die Gruppe zurückzuholen. Aber dann stellten wir fest, dass ein Schaf fehlte. Wir brachten die Gruppe zunächst einmal aus dem Wald in sicheres Gelände, um uns dann auf die Suche nach der vermissten Au zu machen.

Nach erneuter längerer Suche konnten wir sie endlich ausfindig machen. Das war allerdings auch nur liegend und über den Felsrand spähend möglich. Sie befand sich schon auf sehr gefährlichem Gelände und wir hatten keine Chance, sie dort wegzubringen. Wir beschlossen, die Gruppe dort in der Nähe einzuzäunen, in der Hoffnung, die Verlorene so zurückzulocken. Aber es nützte nichts, sie blieb, wo sie war. Anscheinend sah sie keine Möglichkeit, wie sie den Rückweg hätte schaffen können. Nach einigen Tagen ging Daniel dann noch einmal los und versuchte sie mit Futter herauszulocken, denn es war Schneefall gemeldet, und spätestens jetzt musste sie da irgendwie heraus. Aber in dem Moment, in dem er in ihre Nähe kam, floh sie erschreckt um einen Felsvorsprung weiter. Jetzt steckte sie endgültig fest.

Wir gingen nun jeden Tag zu ihr, was an sich schon ein Abenteuer war, und warfen Heu zu ihr hinunter, damit sie wenigstens futtermässig versorgt war, denn solange Schnee lag, konnten wir nichts ausrichten. Zum Glück hatte es nicht viel geschneit und nach ein paar Tagen war der Schnee geschmolzen. Aber wie sollten wir sie jetzt da wegbekommen?

Violetta

Und dann gebar Luzie eines Tages Violetta. Mir war gleich klar, dass aus dem Neugeborenen einmal etwas Besonderes werden würde. Es war rabenschwarz und hatte das typische Spiegelschafgesicht geerbt. Von Anfang an war Violetta genauso gelassen wie ihre Mutter und hatte denselben etwas «verklärten» Blick.

Wenn die Gruppe um Violetta umgetrieben werden muss, ist sie immer vorne bei mir. Sie ist mein Seelenschaf. Und scheinbar hat sie die Langlebigkeit von ihrer Mutter geerbt, denn sie ist auch jetzt noch, trotz ihres hohen Alters, gesund und munter.

Als Violetta ausgewachsen war, lief bei einer Trächtigkeit irgendetwas schief. Die Geburt ging nicht richtig vonstatten, unbemerkt verstrich der Geburtstermin. Die Tierärztin konnte nur noch feststellen, dass das Lamm im Mutterleib abgestorben war. Sie riet uns, das Schaf auszumerzen, da die Aussichten nicht gut seien, dass so ein Schaf noch einmal normal lammen würde. Ich traf eine Entscheidung – und zwar die, dass Violetta am Leben bleiben solle. Nicht mein Lieblingsschaf!

Eigenhändig holte ich das tote Lamm stückweise aus ihr heraus, denn der abgestorbene Körper befand sich schon im Zersetzungsstadium. Violetta bekam Schmerzmittel und ein paar homöopathische «Kügeli». Sie erholte sich sehr rasch. Sie bescherte uns danach noch unzählige wunderschöne Lämmer, ohne jegliche Komplikationen.

Letzten Herbst hat sie mir zwei würdige Nachfolgerinnen geschenkt. Ich habe mich wahnsinnig gefreut, denn das sollten eigentlich ihre letzten Lämmer sein. Und dann gleich noch zwei weibliche Tiere, pechschwarz, mit einem wunderschönen Vlies.

Das war allerdings auch das erste Mal, dass sie Zwillingslämmer hatte, und wahrscheinlich war ihr das so fremd, dass sie das eine nicht annahm. Es wurde dann eben ein Flaschenlamm und blieb auch etwas kleiner als die Zwillingsschwester. Ich dachte schon, das sei jetzt ihr Abschiedsgeschenk gewesen, da sie danach ja eigentlich nicht mehr gedeckt werden sollte. Sie entschied aber anders und gebar diesen Frühling noch einmal ein Böckchen, genauso gelassen wie alle anderen ihrer Lämmer.

Eine ihrer Zwillingstöchter ist inzwischen auch schon Mutter geworden – und läuft jetzt immer vorne neben ihrer Mutter mit mir. Es beruhigt mich, dass es Nachfolger von diesen besonderen Schafen gibt, bei denen man sicher sein kann, dass sie später an die Stelle ihrer Mütter treten werden.

Generationen von Leitschafen

Jeder Schäfer hat seine Lieblingsschafe. Schafe, zu denen er eine besonders enge Beziehung hat, Schafe, die eine beruhigende Wirkung auf die Herde haben – und die Jahr für Jahr Lämmer zur Welt bringen, bei denen der eine oder andere positive Zug wieder erkennbar ist. Manchmal übertreffen die Töchter dann sogar ihre Mütter und entwickeln sich zur neuen Herdenstütze. Diese Schafe sind nicht nur für die Herde Leitschaf, sondern auch für den Schäfer. An ihnen orientiert er sich. Sie führen die Herde – aber auf eine ganz andere Art als die Hunde. Sie lassen sich durch nichts aus der Ruhe bringen. Und diese Ruhe strahlen sie auf die ganze Umgebung aus. Die anderen Schafe vertrauen sich ihnen gerne an. Die Gefahren scheinen in der Nähe eines solchen Schafes kleiner zu werden. Die Ruhe dieser Leitschafe färbt ab und stärkt das Vertrauen in der ganzen Herde. Für den Schäfer sind sie eine sehr wertvolle Hilfe, die ihn spürbar entlastet.

Violetta gehört zu diesen besonderen Schafen. Schon ihre Mutter Luzie fiel auf. Luzie war schon da, bevor ich hierher kam. Sie war mir sofort aufgefallen, da sie die Einzige mit Schlappohren und Ramsnase war. Einfach schön! Sie war eine Mischung aus dem einheimischen Weissen Alpenschaf und dem Spiegelschaf. Spiegelschafe sind eine alte Bündner Landschafrasse, die heute als bedrohte Haustierart gilt und von Pro Specie Rara, die sich für den Erhalt und die Förderung alter Nutztierrassen einsetzt, gefördert wird.

Luzie hatte anstelle der zwei Zitzen deren vier. Für Experten ein schlechtes Omen – solche Schafe haben angeblich nie genug Milch für ihre Lämmer und werden deshalb gleich ausgemerzt. Luzie hatte Glück. Daniel behielt sie entgegen dem Expertenrat. Luzie belohnte ihn dafür im Übermass: Sie war die beste Schafmutter, die man sich nur vorstellen kann, und hatte immer sehr viel Milch. Bis ins hohe Alter schenkte sie uns wunderschöne Lämmer. Bei ihr musste man nie Sorge haben, dass sie eines ihrer Lämmer verstossen würde, im Gegenteil, sie nahm sogar noch fremde an und säugte sie.

Die manchmal seltsame Entstehung von Schafnamen

Eigentlich haben die meisten Schafe keine Namen. Die unseren eigentlich auch nicht. Aber es gibt Ausnahmen. Je charakteristischer ein Schaf ist, desto eher fällt mir ein Name ein, und dann gibt es keinen Grund, ihm diesen nicht zu geben.

Da war zum Beispiel Nelly. Nelly war von ihrer Mama verstossen worden. Sie war am Anfang sehr schwach. Wir waren uns gar nicht sicher, ob sie überhaupt durchkommen würde. Nellys Mama hatte keinen Namen. Sie war ein sehr eigensinniges Schaf und eine vehemente Vertreterin der Einlammpolitik, aber – sie bekam meistens Zwillinge, und genauso oft wollte sie eben keine Zwillinge, sondern entschied sich immer nur für ein Lamm. Nelly wollte sie jedenfalls nicht, und das ging so weit, dass ich Nelly vor Nellymama retten musste: Sie hätte sie fast tot getrampelt. Alle Versuche, Nellymama für ihr zweites Lämmchen zu erwärmen, fruchteten nicht. Wir mussten Ersatzmama für Nelly sein. Seither heisst Nellys Mama «Nellymama».

Zum Glück für Nelly gab es unseren Hund Beckmann. Er nahm sich ihrer liebevoll an und sie fand bei ihm die Wärme und Geborgenheit, die ihre Mutter ihr verwehrte. Irgendwann bemerkte ich, wie besonders Nelly war. Sie war das erste und bisher einzige Schaf mit zwei blauen Augen. Nelly wurde zu einem meiner Lieblingsschafe.

Manchmal bringt ein Schaf schon einen Namen mit, wenn es zu uns kommt. Als eine kleine Gotlandschafgruppe aus Schweden über Deutschland nach langer Reise endlich bei uns eintraf, stolzierte der Bock erhobenen Hauptes und kraftstrotzend aus dem Anhänger. Wie Klitschko, dachte ich. Bei einem Telefongespräch mit dem Verkäufer erzählte ich, dass Klitschko ganz glücklich zu sein scheine. Der Mann am anderen Ende der Leitung schluckte leer. «Sie meinen Muschek?!» Der Mann schien über den seiner Meinung nach wohl unpassenden neuen Namen entrüstet zu sein. Er hatte mir zuvor eine akribisch angelegte Liste der Schafe mit den dazugehörigen Namen und Merkmalen zukommen lassen, welche ich mir jedoch noch gar nicht eingeprägt hatte. Nun klärte mich der Verkäufer darüber auf, dass seine Tiere sehr gut auf ihre Namen hören und sich so viel schneller in ihrem neuen Zuhause heimisch fühlen. Ausserdem könne man sie, sollten sie mal ausbrechen, einfach bei ihren Namen rufen, dann kämen sie sofort angelaufen. «Aus Schweden viel Neues», dachte ich und konnte mir ein Schmunzeln nicht verkneifen. Mit etwas Glück funktioniert es sogar ab und zu – und für die anderen Fälle haben wir ja unsere Border Collies.

Geburt

Das Miterleben einer Geburt lehrt noch eine ganz andere Art von Vertrauen. Am besten sollte sich das Schaf bei allen Zeichen der nahenden Geburt ganz allein und unbeobachtet fühlen. Denn es gibt sich vollkommen hin und kennt keine Unsicherheit oder Angst, egal, was immer geschieht. Jede Anwesenheit eines Menschen wirkt nur störend und kann dazu führen, dass das Schaf unruhig wird. Also sollte man das urnatürliche Geschehen nur aus gehöriger Distanz mitverfolgen.

Die Geburt kündet sich an durch viel Schleim, der aus dem Geburtskanal austritt. Er hilft dem Lamm oder den Lämmern, leichter zur Welt zu kommen. Das Lamm liegt geschützt in zwei Fruchtblasen. Diese helfen, den Druck auf den Geburtskanal und auf das Schaf zu verringern. Solange die zweite der Blasen intakt ist, kann dem Kleinen nichts geschehen, auch wenn der Geburtsvorgang etwas länger dauern sollte.

Im Normalfall bringt eine Aue ihr Lamm oder ihre Lämmer gegen Morgen zur Welt. Das ganze Wunder spielt sich in einer knappen Stunde ab. Die grösste Arbeit bedeutet das Durchbringen der Stirnpartie durch die engste Stelle des Geburtskanals. Ist diese draussen, dauert es nur noch wenige Minuten, und wiederum wenige Minuten später ist die Nabelschnur getrennt und gekürzt und der Nachwuchs wird hingebend geleckt, damit dessen Kreislauf in Schwung kommt. Die Mutter hilft dem Kleinen die Zitzen finden, aus denen die wertvolle Biestmilch nur während kurzer Zeit nach der Geburt verfügbar ist.

Schon bald folgen die ersten Gehversuche. Ein neues Schafleben hat seinen munteren Anfang genommen. Eine erst mal vollkommen erschöpfte Mutter bleibt zurück. Sie wird das Kleine während der kommenden Wochen kaum aus den Augen lassen, ausser wenn es mit Gleichaltrigen fast ekstatisch über die Weide rast und seinen Bewegungsdrang auslebt.

Natürlich gibt es auch Komplikationen. Es kann sein, dass das Lämmchen falsch liegt und das Schaf es nicht allein zur Welt bringen kann. Dann muss sehr behutsam nachgeholfen werden oder im Notfall sogar ein Kaiserschnitt gemacht werden. Aber dies ist die Ausnahme, allerdings die Ausnahme, die man dann nie mehr vergessen wird.

Zum Traurigsten gehört, wenn die Aue ihr Lamm nicht annimmt. Ist eine Mutter nicht dazu zu bewegen, ihr Kleines doch noch zu versorgen, wird eine Amme gesucht. Das ist der harmonischste Weg. Ist auch dieser Versuch erfolglos, bleibt einem nichts anderes übrig, als mit der Trinkflasche selbst Amme zu spielen. Es ist auch schon vorgekommen, dass bei uns ein Hund sich mit mütterlicher Wärme einem Lamm angenommen hat. Allerdings hat noch nie ein Hund ein Lamm gesäugt ...

die Hunde auch im Team, je nach Aufgabe. Die Hunde werden auf Pfeifkommandos trainiert und sind so auch über grosse Distanzen sehr gut lenkbar.

Sie helfen beim Umtreiben der Herde von einer Weide zur nächsten, sie hüten die freilaufende Herde und treiben Gruppen an jeden beliebigen Ort, ohne dass man sich selber viel bewegen muss. Sie bringen auf Kommando eine verlorene Herde zurück, wobei sie selbständig das Gelände absuchen. Im Dunkeln, bei Nebel, egal: Wenn die freilaufenden Schafe über Nacht eingestallt werden sollen, holt der Hund sie auf Kommando zuverlässig dorthin. Sie können auch helfen, gezielt einzelne Schafe aus der Herde herauszuholen und beim Füttern im Stall können sie die Schafe von den Raufen fernhalten. Sie helfen beim Behandeln von Schafen, sie durch Gänge zu treiben, sie helfen beim Verladen zum Transport, und, und, und – die Einsatzbereiche sind schier unendlich. Was diese Hunde leisten, ist unglaublich. Ohne sie wäre man oftmals verloren. Es ist ein unbeschreibliches Gefühl, dass man sich so auf sie verlassen kann. Es rührt einen tatsächlich manchmal fast zu Tränen, wenn man einen Hund schickt, ohne zu wissen, wo sich die Schafe befinden, und nach einer Weile tauchen dann plötzlich irgendwo aus dem Nebel, aus dem Dunkeln, aus dem Wald oder aus einem unüberschaubaren Gelände die wolligen Freunde auf, das brave Hündchen hintendran.

Schafe, die nach der Hundepfeife tanzen? Einmal hatte ich Besuch, während die Schafe auf den hofnahen Weiden frei grasten. Ab und zu pfiff ich meinen Hunden, um die Schafe auf den entsprechenden Flächen zu halten. Der Besucher sagte, das sei ja toll, dass die Schafe mit der Pfeife zu steuern seien. Ich klärte ihn auf, dass ich nicht den Schafen, sondern den Hunden mit der Pfeife Anweisungen gebe und sie dann die Schafe entsprechend steuern. Der Besucher hatte die Hunde gar nicht bemerkt, die in den verschiedenen Positionen auf meine Anweisungen per Pfeife warteten. Genau wie einmal ein Spaziergänger, dem ich beim Umtrieb einer Gruppe Schafe begegnete, der mir sagte, meine Schafe seien ja sehr folgsam. Ich antwortete ihm, dass sie das auch nur seien, da der Hund am Schluss der Truppe dafür sorge. Auch er hatte das kleine Hündchen nicht gesehen, das brav die gesamte Herde hinter mir hertrieb.

Tatsächlich ist es aber auch so, dass die Schafe auf die Hundepfeife oder auch auf gesprochene Befehle reagieren, aber nur so lange, bis sie merken, dass gar kein Hund anwesend ist.

Die Hütehunde

Spätestens nach zwei Wochen muss im Sommer eine Herde oder ein Teil einer Herde umgetrieben werden, das heisst, die Schafe werden von einer Weide zur andern geführt, je nachdem, wie das Futterangebot ist. Ein Sack Flöhe wäre einfacher, denn Schafe sind sehr schnell und stecken einander an: Wenn eines ein frisches Gräschen abseits des Weges entdeckt und ausschert, folgen ihm die andern augenblicklich, und das passiert jeweils an einigen Stellen gleichzeitig, die hintersten aber bleiben aus irgendeinem Grund zurück, und falls an der Spitze des Zuges ein Schaf erschrickt und rückwärts zu flüchten beginnt, folgt ihm ein weiterer Teil – Chaos pur ist vorprogrammiert.

Meine ersten Erfahrungen im Herden-Schafumtrieb waren so katastrophal, dass ich mir sagte: So nicht! Nach einem Umzugsweg von vier Kilometern konnte ich auf meinem Konto geschätzte zwanzig Kilometer Laufarbeit durch steiles, steiniges Gelände verbuchen, vom enormen Stress gar nicht zu reden. Es musste doch eine bessere Lösung geben!

Die Lösung heisst Hund. Meine Border Collies übernehmen seit meiner zweiten Schafsaison die strenge Laufarbeit, und das Tolle dabei: Sie tun das auch noch gerne! Ich kam auf die Border Collies, nachdem ich mich intensiv mit dem Thema Hütehund beschäftigt, Informationen über die Hütehundevereine eingeholt, Fachliteratur studiert und mit vielen Züchtern geredet hatte. Irgendwann war klar, wenn Hütehund, dann Border Collie, und diese Entscheidung war die allerbeste. Für mich gibt es keine bessere Rasse zum Arbeiten mit Schafen. Gerade die feine und lautlose Art und Weise zu arbeiten und das der Rasse angeborene Gefühl für die Schafe sind in diesem schwierigen und gefährlichen Gelände ideal. Diese Hunde wurden seit Jahrzehnten von Schäfern auf ihre Fähigkeiten selektiert, und ein Hund aus guter Zucht bringt all diese Fähigkeiten schon genetisch mit, so dass man, wenn der Hund altersmässig bereit ist und man über genügend Erfahrung in der Ausbildung von Border Collies verfügt, relativ schnell einen Hund für die Arbeit einsetzen kann. Ein guter Hund lernt schnell, wie viel Druck nötig ist, um die Schafe zu führen, denn wenn sie zu viel Druck machen, entsteht Unruhe oder gar Panik in der Herde, bei zu wenig jedoch gehorcht ihnen kein Schaf. Wenn, was sehr selten geschieht, ein Schaf nicht gehorcht, sondern angreift, muss sich der Hund auch mal durch einen gezielten Biss in den Kopf zur Wehr setzen. Teilweise wird mit einem Hund gearbeitet, teilweise arbeiten

Das Geschenk der gerupften Grauen

Eine trächtige Aue gibt in den letzten Wochen der insgesamt rund hundertfünfzig Tage dauernden Schwangerschaft alles, was sie hat, dem heranwachsenden kleinen Schäfchen. Sie braucht deshalb in den letzten zwei Monaten besonders gutes Futter. Trotzdem kann es vorkommen, dass eine Schwangerschaft und die folgende Zeit des Säugens eine Schafmutter vollkommen auszehren.

Eine graue Skudde, ich nenne sie einfach immer nur «die gerupfte Graue», die uns schon viele gesunde Lämmer geschenkt hat, immer Zwillinge, gehört zu diesen Müttern. Nach einer Trächtigkeit sieht sie jedes Mal lange Zeit zum Erbarmen aus, ihr Fell ist völlig gerupft, ähnlich wie bei den Wildtieren im Fellwechsel. Sie magert dann immer vollkommen ab und sieht aus, als ob sie krank wäre, aber das Gegenteil ist der Fall: Sie ist kerngesund und vital. Immer hat sie wunderbar gesunde, starke Lämmer. Und je jämmerlicher sie aussieht, desto prächtiger der Nachwuchs. Es scheint bei ihr einfach so zu sein, dass sie ihm alles mitgibt, was in ihrem Körper an Reserve steckt. Die gerupfte Graue selbst scheint dies in keiner Weise zu stören. Hingebungsvoll säugt sie ihre Lämmer. Sie ist eine sehr gute und aufmerksame Mutter, die unendlich Geduld hat mit ihren Kleinen. Und die können manchmal nach menschlichem Ermessen doch schön drängeln oder gar nerven.

Natürlich bekommt die gerupfte Graue immer eine Extraportion Kraftfutter, die sie auch dankbar nimmt und geduldig erwartet. Aber das ändert an ihrem Äusseren nichts. Doch wie würde sie wohl erst aussehen, bekäme sie kein Zusatzfutter? Und dann, irgendwann, wenn die Lämmer grösser werden, merkt man, wie sie sich über den Sommer auf der Weide erholt, wieder schön rund wird und eine schöne Wolle bekommt – bis zum nächsten Ablammen …

Eines ist klar: Die graue Gerupfte braucht im Frühling nicht geschoren zu werden wie die anderen. Und wenn, dann kann ihre Wolle keinen Staat machen. Aber wenn ich mir so überlege: All die wunderschönen Schafe, die wir ihr verdanken, geben einen Berg feinster Wolle! Danke, liebe gerupfte Graue.

Winterfreuden

Im Winter setze ich mich oft nach dem Nachtessen noch für eine Stunde in den Stall und freue mich an lauter kleinen Dingen, die ich entdecke, oder erhole mich ganz einfach ein bisschen von den Mühen des Tages und geniesse den Frieden, der dann herrscht, wenn die Tiere sich zur Nachtruhe niedergelegt haben. Ein unbeschreibliches Zufriedenheitsgefühl überkommt mich dann, ganz besonders, wenn es draussen schneit und stürmt.

Das Schöne an der Winterzeit ist, dass man die Tiere viel intensiver erlebt. Das ist dann der Ausgleich für den hektischen Sommer, in dem kaum Zeit bleibt, sich so ausgiebig mit den Tieren zu befassen. Vor allem in der ersten Winterphase gibt es mehr Pausen, danach beginnen die Ablammungen, und schon ist es wieder vorbei mit der Ruhe.

Insgesamt ist die Winterzeit für mich sorgenfreier. Die Tiere sind alle auf dem Hof und man muss nicht den ganzen Tag von einer Gruppe zur anderen fahren, immer in Sorge, ob irgendetwas passiert sein könnte. Denn draussen auf den Weiden kann immer etwas passieren. Das Wild oder eines der Schafe kann sich in den Netzen verfangen. Sie können ausgebrochen sein, aus welchem Grund auch immer: Manchmal wird der Zaun durch kreuzende Wildtiere weggerissen, manchmal durch unachtsame Menschen, und es ist auch schon vorgekommen, dass ausgebrochene Kühe den Zaun niedergetrampelt haben und die Schafe deshalb ausgebrochen sind. Man weiss halt nie, was einen am nächsten Tag auf der Weide erwartet. Schlimmstenfalls ist ein Teil der Schafe einem Wolfsangriff zum Opfer gefallen. Ein Szenario, das sich jederzeit abspielen könnte …

Das alles kann über den Winter vergessen werden. Es bleibt ein wenig Zeit, um die Wolle zu verarbeiten, Pläne zu schmieden und die Schafe zu geniessen. Oder ein Fest einmal ganz anders zu begehen: Ein besonderes und unvergessliches Wintererlebnis bleibt für uns alle jene Weihnachten, die wir mit der ganzen Familie und den Schafen im Schafstall feierten.

Jahreszeiten
und Futterangebot

Eigentlich dreht sich hier oben das ganze Jahr über alles um die Nahrungsbeschaffung. Die grösste Sorge ist immer die, ob es genügend Futter gibt für alle, sei es nun Frühling, Sommer, Herbst oder Winter.

Zu Beginn des Frühlings hat man oft das Gefühl, das Gras wolle einfach nicht wachsen, und man sieht das Futter knapp werden. Dann plötzlich gibt es in einer Wachstumsexplosion schon fast wieder zu viel Gras, denn es sollte nicht zu alt werden. Überall gleichzeitig sollten dann die Schafe sein!

Es ist ein beruhigendes Gefühl, wenn die Weiden so üppig sind. Aber das kann sich ganz schnell wieder ändern. Ein heisser, trockener Sommer lässt in Kürze alles verdorren und die gemähten Flächen verbrennen. Oder ein völlig verregneter Sommer weicht den Boden auf und die Schafe verstampfen das schöne Gras.

Den ganzen Sommer durch sind wir damit beschäftigt, genug Heu einzubringen für den Winter, denn dann gibt es auf über tausend Metern über Meer kein frisches Hälmchen mehr zu finden. Selbst das abgelegenste und steilste Stück Bergrücken muss gemäht werden, damit wir über den Winter genügend Vorräte haben.

Im Herbst, wenn sich die Wachstumsperiode dem Ende zuneigt, lautet die eine grosse Frage: «Wie lange reicht die Weide noch?» Dann kann es vorkommen, dass auf einer eingeplanten Fläche die Hirsche schneller waren und den Schafen alles weggefressen haben.

Jeden Tag zufüttern zählt. Das im Sommer eingebrachte Heu sollte für einen ganzen, langen Winter ausreichen, und die Winter hier oben sind sehr lang. Je länger man also die Tiere im Herbst noch draussen lassen kann, umso besser. Aber man kann noch so gut rechnen und planen, letztlich hängt immer alles vom Wetter ab. Manchmal hat man noch Weide in Hülle und Fülle und freut sich darüber, aber dann gibt es einen jähen Wintereinbruch und alle Schafe müssen eingestallt werden. Vor Wetterkapriolen ist man auch im Frühling nicht gefeit. Hier oben in den Bergen kann es auch im späteren Frühjahr, wenn die Tiere bereits auf den Weiden sind, noch so viel Schnee geben, dass man alle wieder einstallen muss. Das Schlimmste in dem steilen Gelände ist dann jedoch das Abbrechen der Netze im Schneematsch, der wie Schmierseife ist. Das sind die Momente, in denen das beschriebene Straflagerfeeling hochkommen kann.

Jede Jahreszeit hat ihre Tücken, aber auch ihre Freuden. Nach einer langen Winterperiode kann man im Frühling die Tage kaum erwarten, an denen man die Tiere auf die Weide lassen kann. Endlich wieder unter freiem Himmel sein! Aber dann, im Herbst, freut man sich nach einem umzugsreichen Sommer, wenn alle Tiere wieder im Stall sind und ein bisschen Ruhe einkehrt.

Weg zu den Schafen

Ein Winter mit viel Schnee, der bereits an den steilen Hängen liegt. Gestern hat es wieder den ganzen Tag ununterbrochen geschneit, und auch heute scheint es nicht aufhören zu wollen. Es herrscht akute Lawinengefahr. Haus und Stall liegen geschützt, hier brauchen wir nichts zu fürchten. Im Tobel jedoch, wo wir einen weiteren Stall haben, in dem auch ein Teil der Heuvorräte lagert, befindet sich eine Gruppe von Schafen, die wir dahin gezügelt haben, weil der Platz im Stall etwas knapp war. Auch sie müssen natürlich jeden Tag versorgt werden, aber der Weg dorthin ist an solchen Tagen wie heute lawinengefährdet.

Meine Hunde und ich brechen auf. Der Weg durch den Lawinenhang dauert eigentlich nicht lange. Die Hunde versinken fast im meterhohen Schnee. Aber sie vertrauen mir, und ich vertraue dem Gebot der Notwendigkeit. Einmal bleibt einer der Hunde stehen und richtet den Blick hangaufwärts. Nimmt er eine drohende Gefahr wahr? In solch gefährlichen Momenten versucht man die kleinste verdächtige Reaktion der Hunde zu deuten. Manchmal frage ich mich, ob sie Lawinen vorausspüren können. Es wird ja auch berichtet, dass Hunde Erdbeben durch unruhiges Verhalten angezeigt haben. Eine Antwort habe ich bisher nicht erhalten.

Wir kommen jedenfalls heil drüben an. Und wir kommen auch heil wieder nach Hause. Wenn ich jetzt aus Distanz darüber nachdenke, spüre ich erst, dass da im Hintergrund jeweils schon ein Unbehagen ist, aber ich habe dafür in der konkreten Situation einfach keine Verwendung. Ich bin es den Schafen schuldig, also muss ich das Risiko auf mich nehmen und die Gefahrenzone aufmerksam und so schnell wie möglich passieren. Dabei muss ich immer darauf achten, dass die Hunde nicht mittendrin stehen bleiben und ebenfalls zügig weiterlaufen. Eigentümlicherweise kann ich in solchen Momenten keine Angst empfinden. Im Gegenteil, da ist ein Vertrauen, das mich bei jedem Schritt ruhig sein lässt. Dieses Vertrauen kenne ich auch aus anderen Situationen. Es ist das Vertrauen ins Leben. Da bleibt einfach kein Raum, um Angst zu haben. Trotzdem sollte man niemals den Respekt vor den Naturgewalten verlieren. Man darf das Glück nicht zu sehr herausfordern. Wie plötzlich und gewaltig so eine Lawine daherkommen kann, ist mir eines Tages schlagartig bewusst geworden: Kurz nachdem ich die Gefahrenzone passiert hatte und mich noch einmal umdrehte, wurde ich gewahr, dass der halbe Hang als Schneefeld hinter mir abgerutscht war.

Schoggijob und Strafkolonie

Die schönen Momente, egal, ob eingefangen mit der Kamera, mit dem Herzen oder mit beidem, sollten ewig währen. Die Wirklichkeit bietet indessen ein ständiges Wechselbad der Gefühle. Der Moment, wenn ein Lamm geboren wird, wenn die Mutter es zärtlich trocken leckt, es mit ihren Grunzlauten auf ihre Stimme prägt – eine kleine glückselige Ewigkeit! Im nächsten Moment befindet man sich dann wieder bei einem anderen Lamm, welches von der Mutter verstossen wurde oder einfach nur kränkelt. Trotz tagelanger Versuche, es irgendwie durchzubringen, wird es schliesslich doch verenden.

Die schönen Momente leben von den weniger schönen. Erst durch das Schwierige entsteht in uns ein Gefühl dafür, wie schön das Schöne wirklich ist.

Im Leben eines Bergbauern gibt es viele tragikomische Momente. Das sind jene, in denen man sich fragt, ob das, was man da gerade macht, noch normal ist. Zum Beispiel Heuen bei uns oben. Aus Plaudereien darüber, wie streng das Heuen in den Bergen ist, weiss ich mittlerweile, dass viele meiner Kollegen es bereits an den Stellen als absolut unzumutbar empfinden, wo es für uns noch «Schoggijob» ist.

Dass das Zäunen im Steilhang, besonders am Waldrand, nicht einfach ist, können sich die meisten gut vorstellen. Aber wirklich nachempfinden kann es nur jemand, der es selber erlebt hat. Wenn man mühsam vorankommend mit einem immer schwerer werdenden Netz voller Äste im Schlepptau mit einer Öse vom Stiefel am unteren Teil des Netzes und mit der Hütepfeife am oberen Teil des Netzes hängen bleibt und auf einem Bein stehend im matschig nassen Steilhang verzweifelt versucht, das Abrutschen mit dem anderen freien Bein zu verhindern: Das sind sie, die ganz schlimmen Momente. Ich nenne sie die Straflagermomente. Es hilft, dann ein bisschen zu fluchen, weil es den angestauten Druck wegnimmt.

Eigentlich würde ich so ein Wort nie laut äussern, geschweige denn drucken, aber wieso ich es dennoch tue, hat einen Grund: Ein Kollege, selbst gestandener Schäfer, kam uns hier oben zum ersten Mal besuchen. Kopfschüttelnd über die wohl so nicht erwarteten extremen Anfahrtsbedingungen stieg er aus dem Auto und betrachtete völlig fassungslos das Gelände. Dann brach es aus ihm heraus: «Das ist ja schlimmer als im Straflager!» Zu seinem Erstaunen musste ich laut lachen. Genau diesen Begriff hatte ich in oben genannter Situation tatsächlich immer heimlich benutzt. Dass jetzt einer daherkam und diesen Begriff so offen in die Bergwelt hinausrief, fand ich urkomisch. Seitdem hilft mir der fürchterliche Begriff, diese schlimmen Momente sehr schnell in Komik zu verwandeln. Die erheiternde Erinnerung an den entsetzten Kollegen halbiert mein Elend oder lässt es sich gar ganz auflösen.

ALPINE ALLTAGSGESCHICHTEN

Verschiedene Pelze...

..., die dem Schaf übergezogen werden. Der Wolf im Schafspelz ist nur eines der Bilder, für die das Schaf herhalten muss. Ob diese Bilder einfach aus der Luft gegriffen sind oder ob an ihnen etwas Wahres ist? Dahinter steckt auf jeden Fall immer eine wahre Geschichte über die Menschen. Und über die Schafe?

Das schwarze Schaf. Das schwarze Schaf gibt es auch bei den Schafen. Es unterscheidet sich durch ein auffälliges Merkmal von der Gruppe und ist weniger integriert. Es ist schwarz, weil das Urschaf eine dunkelbraune Fellfarbe hatte. Nur im Schnee wurde das Fell weiss. Der Mensch züchtete auf weisse Wolle, aber das rezessive schwarze Gen kann bei jedem dreihundertsten Schaf die Fellfarbe bestimmen. Das schwarze Schaf in einer Menschenfamilie macht untergründige Schwächen aller sichtbar und wird darum moralisch verurteilt.

Der Sündenbock der Bibel ist zwar ein Ziegenbock – da hat das Schaf ja einmal Glück gehabt. Denn der Sündenbock musste am Jom Kippur die ganze Jahresschuld einer Gemeinde auf sich nehmen und wurde dann in die Wüste gejagt, wo er den Tod fand. Der menschliche Sündenbock muss bis heute fremde Schuld auf sich nehmen, und bis heute wird er danach in die Wüste geschickt.

Das verlorene Schaf und der gute Hirte. Schafe gehen dann und wann verloren. Und Hirten wollen verlorene Schafe um jeden Preis wieder finden. Vielleicht, weil der Hirt aus eigenem Erleben um die Verlorenheit weiss. Er weiss, dass ein Schaf nicht allein sein kann. Ihm ist jedes einzelne Schäfchen wichtig. Was nützt eine ganze Herde, wenn ein einziges verloren ist? Da alle mit allen verbunden sind, wird dadurch die Freude aller getrübt.

Das Opferlamm gibt sich willig für ein Höheres hin. Das Schaf stirbt wie alle Tiere leicht. Das Bild entspringt der Realität, war doch das Schaf in manchen Kulturen das Opfertier sowohl des kleinen, aber auch des reichen Mannes. Ganz von sich aus hätte wohl kaum je ein Schaf den Weg auf den Altar unter die Klauen genommen. Das gibt es tatsächlich nur bei Menschen.

Das Schaf, das friedlich neben dem Löwen weidet, ist ein Symbol für Frieden. Wenn die Polaritäten sich einer Mitte annähern und der Täter weiss, dass er auch Opfer ist, wenn das Opfer weiss, dass es auch Täter ist, und wenn beide von beidem genug haben, dann kann Frieden entstehen. Kein Geringeres als das Schaf darf für dieses zukunftsweisende Bild herhalten. Durch sein Vertrauen in eine wohlwollende Instanz zeigt es den Weg aus dem mit der Zeit öde werdenden Spiel der Macht. In der christlichen Religion zeigt sich dasselbe Thema auch im Bild von Jesus, der zugleich «der gute Hirte» und «das Lamm Gottes» genannt wird. Täter und Opfer finden auf höchster Stufe in eine Mitte, aus der etwas Neues entstehen kann.

Ludwig Tieck,
der Schafflüsterer

Der Dichter Ludwig Tieck beschrieb zu Beginn des neunzehnten Jahrhunderts eine Gruppe von Menschen, die der dicken Stadtluft entfliehen und ein idealistisch gefärbtes Leben auf dem Lande führen wollte. Ein poetischer Text voller Humor. Dem folgenden Abschnitt geht voraus, dass Binder, der Schwiegersohn in spe, darüber spricht, wie in einer engeren Beziehung Mensch und Tier sich einander unweigerlich anzugleichen beginnen. Dann fährt der Redende fort:

«Man erzeigt mir die Ehre, meine Schafzucht für die beste in der Provinz zu halten, da kommen denn die Leute und wollen bei mir Raths erholen. (...) Andere lachen über meine Anstalten, verwundern sich aber doch, dass alles so gedeiht. Im Winter tragen einige meiner Schaafe Kappen, diese sind an den Köpfen empfindlich, etlichen habe ich Jacken angezogen, manchen eine Art von Schuh gemacht. (...) Alles hat seine Vernunft und seinen guten Grund. Woher ich nun alles habe, was ich bei meiner Schäferei, und mit so gutem Erfolge, anwende? Denken? Beobachten? Erfahrungen anderer benutzen? O ja, das ist auch alles ganz gut und nicht zu verachten, – aber die Hauptsache ist doch, dass ich zu Zeiten in meinen Schaafstall gehe, nun drängt und wälzt sich all das Wollenviech zu mir heran. Schäfer, sag' ich, lasst mich ein Weilchen allein. Nun mach' ich die Augen zu, taste mit beiden Händen um mich her, fasse bald den Kopf, bald den Rücken dieses und jenes Hammels, versenke mich ganz in das Gefühl und in die Anschauung, werde mit einem Wort, ganz und gar und völlig zum Schaaf. In diesem Schaafthum, in diesem wachen Schlummerzustande kommen mir denn die allerbesten Erfindungen und Verbesserungen, und in diesen Stunden der Weihe empfange ich durch Instinkt oder Inspiration alles, was ich abändern, was ich anwenden muss ... Und nun, meine Herren, beobachten Sie einmal meinen Gang, ich will ein paar Mal auf und nieder wandeln, – he, ist es nun nicht ganz der Gang eines Hammels? Aufrichtig gesprochen, ja! Sehen Sie meine Physiognomie unbefangen an. Sie verändert sich von Jahr zu Jahr: Immer mehr wächst mir der Hammelausdruck in Stirn und Nase hinein. Ich niese auch schon wie die Schaafe, und wenn ich einmal viel spreche, wie jetzt eben, so gibt es wahrlich schon unter meinen Redelauten so viele Blökelaute, die knarrenden langezogenen Määährdensarten der Mutterschaafe, dass ich mich vor Worten wie: Wehe!, sähe, geschähe u. dgl. einigermassen hüten muss.»

Aus: «Die Gesellschaft auf dem Lande», Ludwig Tieck, im Verlage von Josef Max und Komp., Breslau 1828

Zwei Fabeln

Zeus und das Schaf

Das Schaf musste von allen Tieren vieles leiden. Da trat es vor den Zeus und bat, sein Elend zu mindern. Zeus schien willig und sprach zu dem Schafe:

«Ich sehe wohl, mein frommes Geschöpf, ich habe dich allzu wehrlos erschaffen. Nun wähle, wie ich diesem Fehler am besten abhelfen soll. Soll ich deinen Mund mit schrecklichen Zähnen und deine Füsse mit Krallen rüsten?»

«O nein», sagte das Schaf, «ich will nichts mit den reissenden Tieren gemeinsam haben.»

«Oder», fuhr Zeus fort, «soll ich Gift in deinen Speichel legen?»

«Ach», versetzte das Schaf, «die giftigen Schlangen werden ja so sehr gehasst.»

«Und gleichwohl», sprach Zeus, «musst du selbst schaden können, wenn sich andere dir zu schaden hüten sollen.»

«Müsst ich das»? seufzte das Schaf. «Oh, so lass mich, gütiger Vater, wie ich bin. Denn das Vermögen, schaden zu können, erweckt, fürchte ich, die Lust, schaden zu wollen, und es ist besser, Unrecht leiden als Unrecht tun.»

Zeus segnete das fromme Schaf, und es vergass von Stund an zu klagen.

Der Hund und das Schaf

Man sagt, dass zur Zeit, als die Tiere noch sprechen konnten, das Schaf zu seinem Herrn geredet habe: «Du tust sonderbar daran, dass du uns, die wir dir Wolle, Käse und Lämmer schenken, nichts gibst, als was wir uns auf der Erde selbst suchen, dem Hunde aber, der dir nichts dergleichen gewährt, von jeder Speise mitteilst, die du selbst hast.»

Als der Hund dies hörte, soll er gesagt haben: «Beim Jupiter, ich bin es ja, der dich und deine Gefährten bewacht, damit ihr nicht von Dieben gestohlen oder vom Wolfe zerrissen werdet. Denn ihr würdet, wenn ich euch nicht bewachte, nicht einmal in Ruhe weiden können.»

Hierauf soll es auch das Schaf recht und billig gefunden haben, dass der Hund ihm vorgezogen wurde.

Jean de la Fontaine, Bearbeitungen von Äsops Fabeln

Wenn die Schafe singen

Ein früher Sommermorgen vor Sonnenaufgang. Vorwiegend ein mit Wohnhäusern besiedeltes Mittelland, in dem dank optimaler Verkehrslage viel grüne Wiese neuen Überbauungen weichen musste. Bis vor zehn Jahren wurden hier mancherorts noch Schafe, Ziegen und Esel gehalten. Das Blöken der Schafe und das Schreien der Esel nervte viele Anwohner. Leserbriefe und Beschwerden waren nicht selten. Zuerst mussten den Schafen die Schellen abgenommen werden. Dann verschwanden die Schafe ganz und die Bagger fuhren auf. Da, dort, fast überall. Ein Verlust für diejenigen, die sich nachts immer gefreut hatten, wenn sie mal für zwei Stunden wach lagen, weil sie dann die Schafe hörten, ein leises Blöken dann und wann oder das Bimmeln einer Glocke, und unhörbar, aber doch fast körperlich spürbar den Frieden, der über der kleinen Herde lag.

Und nun dieser Sommermorgen. Die Amseln schweigen seit ein paar Tagen. Es ist still geworden in der Frühe, denn nun schlafen all die Menschen noch, die tagsüber mit Rasenmähern, Grillfesten und Fussballspielen die Gegend beleben. – Da, blökt nicht irgendwo ein Schaf? Doch, unzweifelhaft, eines, drei vielleicht, in der Ferne, aber gut hörbar, määäh, määääh, määääääh. Määäh. Unermüdlich. Was die Schafe bloss haben? Etwa Hunger? Oder ist eines krank?

Eine unerwartete Antwort kommt von den Schafen selber. «Wir feiern mit unserem Blöken das Leben. Es ist ein Lobgesang für die Schöpferquelle Sonne, aus der das Leben strömt. Es ist unser tägliches Liebeslied. Ansonsten sind wir ja eher schweigsam, es muss nicht die ganze Welt wissen, wie es uns geht. Aber den Tag begrüssen wir hörbar auf diese Weise. Deshalb sind wir über den ganzen Erdkreis ausgebreitet. Wir blöken feiernd rund um den Erdball und rund um die Uhr. Wenn ihr Menschen nicht singt vor Freude, so ist das eure Sache, aber hindert wenigstens uns nicht daran, es zu tun.»

Am nächsten Morgen – Stille. Das war wohl doch ein Abschiedsgesang.

Ein Schaf
ist ein Ja auf vier Beinen

Jeder Ort auf der Erde hat aufgrund der geneigten Erdachse und der kosmischen Gegebenheiten seine ganz eigene Qualität. Tiere werden von diesen je besonderen lokalen Gegebenheiten im Rahmen ihres Grundbauplans formend beeinflusst. Die Griechen nannten diese Energie «Äther» und bezeichneten damit den «feinsten Urstoff, aus dem alles entsteht und der in allem wirkt», oder auch die «reine Himmelsluft, das strahlende Sonnenlicht als Wohnsitz der Götter und Ort der Sterne».

Schafe haben eine sehr direkte und starke Beziehung zum Äther, dieser alles formenden Lebensenergie. Forscher, welche die Schnittstelle untersuchen, an der die unsichtbare Energie sich im Materiellen auszudrücken beginnt, beobachten, dass dieses spezielle Verhältnis der Schafe zur ätherischen Lebensenergie sich auswirkt auf die Art, wie die Haare der Schafe wachsen. Sie sind gelockt, wachsen in Windungen, so, wie die Strömungen des Wassers oder der Luft fliessen, und sind so ein Abbild dieser Lebensenergie. Natürlich hat der geographische Standort einen ebenso starken Einfluss auf Wollart und Körperbau, und die Zuchtbemühungen des Menschen tragen das Ihre zu den unterschiedlichen Erscheinungsformen bei.

Das Schaf selbst setzt dem allem aktiv nichts entgegen. Es nimmt alles an, was ihm begegnet. Es ist eigen, aber nicht eigenwillig, seine Natur ist Hingabe an das Leben an sich. In dieses gehören Hirt und Wetter, denen es sich fraglos anvertraut. In dieses gehören auch Hütehunde und hungrige Tiere wie der Wolf. Als Fluchttier beharrt es nicht auf seinem Standpunkt. Es ist nicht Angst, sondern der Impuls des Lebensstroms, der das Schaf dazu inspiriert, seinen Standpunkt immer wieder zu verlassen. Hingabe an einen unentwegten Bewegungsstrom.

Mit jedem Tritt festigt seine Klaue die Erde und schützt den Boden davor, von Wind und Regen abgetragen zu werden. Mit jedem Bissen gibt es der Pflanze einen Anlass, sich wieder neu und kräftiger als zuvor zu bilden. Seine Wolle ist ein Ja, das alles, was in sie gehüllt wird, wärmt und in eine Schützhülle packt.

Das Schaf bekräftigt sein Ja durch bedingungslose Hingabe an den Hirten. Es gibt ihm seine Wolle, es gibt ihm seine Milch und es gibt ihm seine Jungen, wenn sie geschlachtet werden müssen. Das Schaf kennt kein Nein.

Es wird leicht von Krankheiten befallen oder kommt in Notzustände. Auch hier sagt es «ja», denn ebenso leicht kann es wieder gesunden, wenn es in Ruhe gelassen an einem dämmrigen Ort sich diesem Lebensstrom hingeben kann, der es heilt. So wirkt auch seine Wolle bei uns Menschen: nicht, indem sie den Kampf gegen einen Krankheitserreger aktiv anfeuert, sondern indem sie die bejahenden Energien im Organismus unterstützt.

Walverwandtschaften

Auf den ersten Blick kommt niemand darauf, dass Wale und Schafe vieles gemeinsam haben. Ausser der Tatsache, dass sie vornehmlich in Herden leben. Und doch ist die Verwandtschaft mehr als ein Mythos. Auch Wale haben mehrkammerige Mägen wie die wiederkäuenden Schafe, aber sie setzen diese anders ein und sind auch keine Pflanzenfresser. Jüngst wurde das allen Paarhufern gemeinsame Sprungbein mit zwei Gelenkrollen auch bei fossilen Walen entdeckt. Schafe und Wale entspringen einem gemeinsamen Bauplan und haben sich dann im Lauf der Jahrmillionen individuell weiterentwickelt.

So individuell, dass eines Tages ein Flusspferd sich entschloss, ganz und gar in den Ozean einzutauchen und damit die geheimnisvolle Familie der Wale begründete. Ebenso liess sich eines Tages ein Schaf dazu verführen, den Himmel zu erobern, wo es seitdem mit seiner grossen Nachkommenschaft die Bläue des Äthers als Schäfchenwolkenherde bevölkert.

Der Mensch hat zu beiden Ausreissern ein besonderes Verhältnis, man könnte es zärtlich oder sehnsüchtig nennen. Vielleicht deshalb, weil er, der Mensch, von da kommt, aus dem Wasser und aus der Luft, weil Gefühl und Geist die Stoffe sind, aus denen er gewoben ist. Aber seit seinem kühnen Entschluss, ganz auf der Erde anzukommen und Wurzeln in der Welt der harten Tatsachen zu schlagen, wachsen ihm die Folgen dieses Schrittes manchmal über den Kopf, mit dem er doch alles verstehen möchte.

Wal und Schäfchenwolken erinnern ihn an die geheimnisvolle Wirklichkeit hinter den Tatsachen und daran, wie kreativ er selber sein könnte.

MYTHISCHE
SCHAFSWELT

Sterben tun wir sowieso, aber es ist nicht egal, wie

Immer und immer wieder muss ich mich von Schafen trennen. Ein schwerer Moment, ich werde mich wohl nie daran gewöhnen! Meine Bockgruppe ist ja schon recht gross, und nur ganz wenige Böckchen eignen sich für die Zucht und finden einen Käufer. So müssen die meisten männlichen Tiere früher oder später geschlachtet werden.

Das zwingt mich, mir Gedanken übers Töten zu machen. Wer Tiere hält, muss auch den Tod mit einbeziehen, anders geht es gar nicht, und ich nehme den Tod als ebenso natürlich wie das Leben hin. Aber selbst über Tod und Leben anderer zu entscheiden, das geht tief.

Wir achten darauf, dass die ausgewählten Tiere möglichst bis ganz zu ihrem Tod in dem ihnen bekannten Zustand bleiben können, in diesem Schafsfrieden, in der Aufgehobenheit der Gruppe. Den Tieren kann man unserer Meinung nach keinen grösseren Gefallen tun, als sie direkt am Hof zu töten, wenn es denn fachgerecht durchgeführt wird. Aber wer kann das schon mit allen seinen Schafen so machen! Man kann die Schafe jedoch so stressfrei wie möglich ihren letzten Weg gehen lassen, zum Beispiel, indem man für möglichst kurze Transportwege sorgt.

Ich habe mich auch schon gefragt, wie es für ein Schaf sein muss, wenn es geschlachtet wird. Denn das ist doch eine andere Situation als ein natürlicher Tod durch Krankheit oder Alter. Der Körper wäre ja bereit, noch viele Jahre zu leben. Von irgendwo kam dann einmal das folgende Bild in meinen Kopf gesegelt: «Wenn wir Schafe sterben, ändert sich eigentlich nicht viel für uns. Wir transformieren uns einfach. Wir sind Schaf ohne Körper, so wie wir vorher Schaf mit Körper waren. Aber ausser dass wir keinen Körper mehr haben und also von dessen Bedürfnissen und Vorgängen nicht mehr betroffen sind, ist es nicht sehr viel anders. Vielleicht könnte man es so sagen: Wir bleiben im Schafbewusstsein. Allerdings ist es sehr bedrohlich, wenn Aufruhr und Panik mit dem Tod in Zusammenhang stehen. Das belastet die ganze Herde. Wir sind auf ganz andere Art miteinander verbunden, als Menschen sich dies vorstellen können. Entsteht zu grosse Verunsicherung durch herzlose Kälte und brutale Nichtachtung, dann leiden wir. Ansonsten geben wir dir gerne etwas zurück, denn wir haben durch dich ja viel erhalten und möchten uns an dieser Stelle auch bei dir bedanken.»

Was für uns bleibt, nachdem ein Schaf geschlachtet wurde, sind Erinnerungen an seine Eigenheiten, etliche Kilogramm Fleisch und ein Fell. Und wenn wir dann nach einem langen Tag unseren knurrenden Magen beim Nachtessen mit einem Stück Schafsalami füttern, dann weiss ich, dass es in Ordnung ist. Ich bin meinen Schafen so dankbar für alles, was ich mit ihnen erlebe, und für alles, was sie mir geben.

einem alten Schaf oder gar einem Schafbock aufgetischt bekommen, was früher gang und gäbe war. Eine schlechte Erfahrung genügt den meisten, um danach keine gute Erfahrung mehr machen zu können. Ich habe aber schon ein paarmal miterlebt, wie erstaunt und begeistert vom feinen Geschmack Leute sind, die es zuerst ablehnten und dann doch ein Stück probierten. Für unangenehme Nebengeräusche im Gaumen sorgt jedoch eine falsche Haltung und Fütterung, zum Beispiel das Verfüttern von Silage.

Die Mühsal einer Schafhaltung an den unattraktivsten Flecken der Alpen, hoch über den letzten Kuhweiden und oft am Abgrund, scheint zumindest in Bezug auf die Qualität des Fleisches und der Milch belohnt zu werden. Dazu ein Zitat von Hans Deutsch-Renner, der Mitte des letzten Jahrhunderts den Zusammenhang von Lebensmittelqualität, Aroma und geographischer Lage erörterte: «Einer der wichtigsten Faktoren, die das Aroma und dadurch nach allgemeiner Meinung die Qualität eines Nahrungsmittels beeinflussen, ist die Höhe über dem Meeresspiegel. ... Es scheint sogar, dass die Wirkung der Seehöhe sich selbst auf die gewöhnlichen Gräser erstreckt. Milch von Kühen, die hoch im Gebirge in den Alpen oder in Schottland weiden, scheint ein feineres Aroma zu besitzen; Käse aus gebirgigen Gegenden ist in der Regel geschätzter als solcher aus der Ebene. Anscheinend ist es sogar so, dass selbst Rind- und Schaffleisch im Aroma davon abhängig sind, in welcher Höhe die Tiere geweidet haben. So scheint der Vorzug, der dem schottischen Rind- und Schaffleisch attestiert wird, auf diese Grasnahrung zurückzuführen zu sein.» (Hans Deutsch-Renner, Ernährungsgebräuche: Ursprung und Wandel, Springer Verlag 1947)

Und zu guter Letzt: Schafdung ist eindeutig mehr als Mist. Bis Mitte des vergangenen Jahrhunderts war er ein begehrtes Gut in der Landwirtschaft. Nach einer Zeit des Vergessenseins kehrt er heute zurück in die Gärten, und zwar in Form von Schafmistpellets, was nichts anderes ist als getrockneter und gepresster Dung. Er fördert die Humusbildung, lockert und belebt den Boden und sorgt für eine erhöhte Wurzel- und Sprossbildung. Dank gleichmässiger Nährstoffabgabe ist er ein Langzeitdünger mit guter Wasserspeicherfähigkeit. In seiner Urform ist Schafdung eine wundervolle Grundlage für Hochbeete. Das zukünftige Gemüse wird ihn lieben! Und wenn keine Weide und kein Acker den anfallenden Mist haben will, dann kann aus ihm in Biogasanlagen Strom und Wärme erzeugt werden.

Lob auf die Schafprodukte in hohen Lagen

Für die meisten hierzulande ein unbekannter Genuss: Schafmilch. Kaum jemand hat schon einmal frisch gemolkene Schafmilch getrunken, dabei ist sie ganz besonders delikat. Am besten bekannt ist diese fast cremige Milch in Form von Feta, dem weissen, bröckligen Käse aus Griechenland.

Schafmilch ist für die allermeisten Menschen besser verdaubar als jede andere Art von Milch. Sie enthält fast doppelt so viel Eiweiss und Fett wie Kuhmilch. Allerdings, und dies ist vor allem der Grund, warum kaum Allergien gegen Schafmilch entwickelt werden, sind es nur neun unterschiedliche Eiweisse, bei der Kuhmilch dagegen über fünfzig. Und die Fettmoleküle sind die kleinsten im Vergleich zu Kuh- und Ziegenmilch. Je kleiner die Fettkügelchen, desto mehr Oberfläche, desto mehr Chance für die Magensäfte, das Molekül zu durchsetzen und zu verdauen. Schafmilch wird daher am schnellsten und leichtesten verdaut. Und mit fast achtzig Prozent Anteil an ungesättigten Fettsäuren übertrifft sie sogar viele pflanzliche Öle.

Auch für den Milchschafhalter ist der weisse Saft äusserst bekömmlich: Sie ist etwas wert im Gegensatz zur Wolle! Gerade weil sie so bekömmlich ist und Menschen mit einer Kuhmilchunverträglichkeit darauf ausweichen, steigt die Nachfrage bei Schafmilch und ihren Produkten ständig. Allerdings ist die Betreuung von Milchschafen auch zeitintensiver. Aber mit genügend grosser Wertschöpfung auf dem eigenen Betrieb voll ausgelastet sein, ist immer besser, als fürs Überleben eine auswärtige Arbeit annehmen zu müssen.

Für Spitzenköche in der Gastronomie und für Liebhaber einer authentischen Küche stellt sich die Frage nicht: Lammfleisch gehört zu den kulinarischen Spitzenreitern. Ursprünglich eher in den Küchen der Welt beheimatet, reizt es heute jeden leidenschaftlichen Koch, die Zartheit und das feine Aroma im Zusammenklang mit Kräutern und anderen Zutaten zu unvergesslichen Gerichten zu komponieren. Ist gar ein Stück Knochen mit von der Partie, wird das Geschmackserlebnis noch intensiver.

Aus der mediterranen und nördlichen Küche Europas ist das Lammfleisch nicht wegzudenken. Die Schweiz und Deutschland belegen in Sachen Lammfleischkonsum eher die hinteren Plätze. Aber das könnte sich ändern, denn dank seiner Natürlichkeit ist das Fleisch bei vielen Menschen äusserst beliebt, und es gewinnt immer mehr Freunde. Mageres Fleisch von gesunden Lämmern hat kaum den typischen Schafgeschmack, den manche nicht mögen. Vielleicht hat man tatsächlich einmal ein Stück Fleisch von

Schafe sind die am wenigsten degenerierten Nutztiere

Das Schaf ist trotz seiner jahrtausendealten Stellung als Haustier des Menschen noch sehr nahe an seinem natürlichen Zustand geblieben, das konnten all die Züchtungseingriffe nicht verhindern. Vielleicht, weil das Schaf kommerziell nie so ausgeschlachtet werden kann wie die Kuh? Sein Widerstand gegen jede Art von Hochleistung scheint es vor zu viel Degeneration zu bewahren.

Einer der Gründe, warum Schafe trotz aller Züchtungsversuche noch sehr viel Wildschaf in sich haben, mag sein, dass sie mehrheitlich das ihnen angemessene Futter erhalten, nämlich Gras und Heu sowie etwas Nassfutter wie Rüben. Bei Kraftfutter weiss man nie so recht, was es enthält. Und wer keine Höchstleistungen erwartet, verzichtet besser darauf. Silage beeinflusst die Qualität der Milch und des Fleisches negativ, beide bekommen einen unangenehmen Beigeschmack.

Generell gilt: Je höher gezüchtet ein Schaf ist, desto anspruchsvoller ist es in seinen Nahrungsbedürfnissen. Ganz ursprüngliche Schafrassen haben noch einen grösseren Magen-Darm-Trakt als Schafe, die viel Fleisch und Milch liefern müssen. Sie können mehr Nährstoffe aus minderwertigem Futter verwerten, denn ihnen hilft die Zeit, Wert zu schöpfen: Je länger die Bakterien an der Zersetzung des Futters wirken können und je länger der Darm Zeit für die Nährstoffaufnahme hat, desto besser kann das kostengünstige Futter verwertet werden.

Die hohe Qualität und Verträglichkeit der Schafmilch hat damit zu tun, dass Schafe noch recht ursprüngliche Tiere sind. Im Gegensatz zu den Kühen. Bei den Kühen hat die Hochleistungszüchtung den ganzen Kuhkosmos durcheinandergebracht. Kuhmilch kann von immer mehr Menschen immer schlechter verdaut werden, weil sich die Kuh durch Züchtung, Enthornung und nicht artgerechte Fütterung in einem für sie selbst befremdenden Zustand befindet. So gesehen ist die geringere wirtschaftliche Bedeutung des Schafes wie ein Schutz.

Zudem spielt bei den Schafen die Wolle die Rolle der Kommunikation mit dem Feld der Lebensenergie. Wolle wächst immer nach, einfach so. So bleibt der Schafkosmos vor zu viel Chaos verschont. Das Kommunikationsorgan der Kuh ist das Horn. Ist es einmal abgesägt, so bleibt es für immer weg. Heute haben noch rund zwanzig Prozent der Kühe Hörner.

Nicht immer ist das Alte und Vergangene besser als das Neue. Aber bei den Nutztieren scheint es einen eindeutigen Zusammenhang zwischen natürlichem Organismus und Gesundheit zu geben. Ausgewogenheit aller Faktoren ist anzustreben, nicht Extremleistung in irgendeinem Bereich.

Frau Wolle erwacht

Weil die Wolle kaum mehr einen Marktwert hat, haben sich einige initiative schafhaltende Frauen und Männer selbst zu helfen begonnen. Sie lassen das traditionelle Wollhandwerk wieder aufleben und vermarkten ihre Wolle selbst. Zum Waschen und Kardieren von Rohwolle besteht die Möglichkeit, die Wolle bei einer Wollwäscherei abzuliefern, denn diese beiden Arbeitsschritte sind, vor allem bei grösseren Mengen, enorm aufwändig. Bei der letzten historischen Wollwäscherei, bei der ich meine Wolle manchmal waschen und kardieren lasse, ist das Besondere, dass man auch kleinste Mengen abliefern kann und dass man dann auch genau diese eigene Wolle wieder zurückbekommt, und zwar nach Art und Farbe getrennt. Durch die so aufbereitete Wolle entsteht ein zusammenhängendes weiches Vlies. Dieses kann nach Lust und Laune gefärbt und danach versponnen, gefilzt oder als Füllung von Bettzeug verwendet werden. Unter den geschickten Händen entstehen lauter Kostbarkeiten, die an Märkten oder im Direktverkauf zu erschwinglichen Preisen angeboten werden.

Ob Bettzeug aus Wolle oder kunstvolle Phantasiewesen, ob Isolationsmatten für den Hausbau oder ein neckischer Hut: Wolle kann fast alles, was frau will. Noch werden die Produkte zwar ausschliesslich neben der strengen Hofarbeit hergestellt und bringen bloss einen Nebenverdienst ein, aber dieser ist umso willkommener. Und die Vernetzung durch das gemeinsame Arbeiten hat denselben Effekt wie früher, als man sich an langen Abenden zum Spinnen von Wolle und Geschichten zusammenfand.

Es gibt natürlich auch Wollbegeisterte wie mich, die gerne alles selber machen, vom Scheren über das Waschen und Kardieren bis zum Färben, Verspinnen, Weben oder Filzen. Ein Kleidungsstück oder ein anderes Produkt aus der Wolle der eigenen Schafe, komplett selber verarbeitet von der Schur bis zum fertigen Stück, ist schon etwas ganz Besonderes!

Auch Künstler und Designer entdecken die Wollfaser neu. Die Zeiten sind vorbei, in denen man sich fast dafür schämte oder es lieber erst gar nicht erwähnte, dass man gerne spinnt – in welcher Hinsicht auch immer. Wolle ist den Ökotouch endlich wieder losgeworden. Oder vielleicht ist Öko mittlerweile zu einem selbstverständlichen Qualitätsanspruch geworden?

Gerade das Filzen ist zu einer wahren Kunstform avanciert, und es gibt unglaublich viele schöne, verrückte und moderne Dinge zu entdecken, die aus dem entstehen, was unsere wolligen Freunde uns schenken. Mittlerweile gibt es sogar Modedesigner, die ein besonderes Interesse daran haben, Wolle von einheimischen oder seltenen, vom Aussterben bedrohten Rassen zu verarbeiten. Es muss ja nicht immer Merino oder Kaschmir sein!

verfügbar ist, wird von der EU nicht als nachwachsender Rohstoff anerkannt. Würde er es, so würden Fördergelder gesprochen und die Wolle könnte schlagartig wieder ein Wertehoch erfahren.

Das sind im Moment Träume. Vermehrt rufen Schafhalter heute nach jenen Abkömmlingen der Urschafe, die man nicht scheren muss, weil sie ab Beginn der wärmeren Jahreszeit ihre Wolle büschelweise selbst abstossen. Durch erfolgreiche Rückzüchtung ist die Sensation wahr geworden: Nolana nennt sich die Rasse, die wirtschaftlich denkenden Schäfern keine Scherereien mehr macht.

Wolle und Werte

Ein Leben ohne Schafwolle ist schlicht unvorstellbar. Dabei ist es noch gar nicht so lange her, dass man Schafe der Wolle wegen zu halten begann. Noch bei den nomadisierenden Völkern wurden ausschliesslich die Felle verwendet, und diese hauptsächlich wegen des Leders. Denn ursprünglich hatten Schafe fast ausschliesslich grobes Deckhaar und darunter je nach klimatischen Verhältnissen ein mehr oder weniger feines und weiches Wollvlies. Der Haarwechsel erfolgte von selbst, wenn die Temperaturen stiegen. In der Kälte wurde es dichter.

Erst allmählich, etwa vor fünftausend Jahren, begann der Mensch die Schafwolle zu schätzen und seine Schafe in die Richtung zu züchten, dass die Wollfasern immer feiner wurden. Das Schaf sollte nun die Wolle nicht mehr von selbst abstossen, denn dafür war sie viel zu kostbar.

Das Fell der Urschafe hatte zumeist eine dunkelbraune Färbung. Die wenigen weissen Ausnahmen wurden jedoch bewusst weiter für die Zucht verwendet, weil weisse Wolle besser gefärbt werden konnte und das Spiel mit den Farben für Kleidung, Gebrauchsgegenstände und Kunst den Menschen zu begeistern begann. Gewobenes aus Wolle wurde für die tägliche Bekleidung, die kultischen Gewänder und den Handel hoch geschätzt.

Heute hat die Wolle keinen wirtschaftlichen Wert mehr. Pro Kilogramm Wolle erhält man knapp einen halben Franken. Das Scheren kostet rund fünf Franken. Bei drei bis vier Kilo Wolle pro Schaf ist die Schur eine reine Tat der Nächstenliebe für das Schaf. Auch die Weiterverarbeitung wie das Waschen, Karden und Spinnen ist hierzulande mit viel Handarbeit verbunden, so dass einheimische Wolle zu einem unrentablen Rohstoff geworden ist, zumal aus Australien, Neuseeland und Südamerika so viel industriell verarbeitete Wolle zu Tiefstpreisen kommt, dass sich kaum jemand mehr fair produzierte Handmade-Wolle leisten will.

Dabei ist Schafwolle ein nachwachsender Rohstoff mit phänomenalen Eigenschaften. Diese haben auch einen direkten wirtschaftlichen Wert. So könnte Wolle zum Beispiel als Wärmedämmung im Hausbau eingesetzt werden. Ausser dem Vermögen, viel Feuchtigkeit aufzunehmen und diese ohne Qualitätseinbusse wieder abzugeben, schluckt sie Schall und kann Schadstoffe wie Formaldehyd binden, was dem Wohnklima spürbar zu Gute kommt. Aber dieses ausserordentliche Material, das zudem in Hülle und Fülle

mehr und die andere weniger Feuchtigkeit aufnehmen kann. Das sorgt für eine ständige Bewegung der Haarfaser, und gegenseitig erzeugen sie so eine mechanische Selbstreinigung.

Doch noch phänomenaler ist das Vermögen der Wolle, giftige Stoffe zu neutralisieren und somit in erster Linie natürlich für das Schaf selbst, aber auch für Mensch und Umwelt unschädlich zu machen. Der Grund ist die komplexe chemische und physikalische Struktur der Wollfaser. Insgesamt kann sie mit Schwefeldioxid, Phenolen, Formaldehyd und weiteren hochgiftigen Stoffen reagieren, die im sauren Regen oder im Zigarettenrauch enthalten sind. Studien zeigen auch, dass eine Ölpest ausschliesslich mit Schafwolle behoben werden kann: Die Wolle saugt sich mit dem Öl voll und kann dann umweltneutral entsorgt werden.

Wolle wird kaum schmutzig und sie bleibt in Form, ohne zu knittern. Ein Phänomen ist, wie geruchsabweisend sie ist und wie schnell sie dennoch aufgenommene schlechte Gerüche wieder abgibt. Darüber hinaus ist Wolle kaum aufladbar und nicht entflammbar: Sie verkohlt direkt, ohne Flammen zu bilden. Deshalb kann man sie auch im Brandschutz einsetzen.

Wolle kommt immer da zum Zug, wo etwas geschützt werden soll. Ist es nicht erstaunlich: Ein einziger Schäfer und ein paar wenige Hunde können eine ganze Herde schützen. Die Wolle dieser Schafherde kann wiederum unzählig vielen Menschen Schutz geben!

Aus Wolle werden gefertigt:
Bettdecken und Kissen, Matratzen, Auto- und Flugzeugsitze werden mit **Rohwolle** gefüllt. Sie ist optimal geeignet für die Wärmedämmung von Häusern.

Mäntel, Mantelfütterung, Mützen und Handschuhe aus Lammfell, Felle auf dem Stuhl, auf dem Sofa, Felle für die Füsse und in den Schuhen drin, damit der grimmige Frost einem nicht die Zehen abbeisst – früher die Bekleidung der Armen, heute ein Privileg der Begüterten.

Wolldecken, Hosen, Hüte, Mäntel und Kunstvolles aller Art wird aus **Wollfilz** gefertigt.

Kleider, Hosen und Mäntel, Plaids und Schals entstehen aus gewobenem **Wollstoff,** und auch die Yogamatte oder der Sitzbezug in Zug und Bus ist aus Wolle.

Pullover, Jacken, Mützen und Handschuhe, Halstücher, Pulswärmer und Socken werden aus dem gesponnenen **Wollfaden** gestrickt, Teppiche geknüpft.

Kosmetik- und Medizinalprodukte enthalten das **Wollwachs** Lanolin.

Vollkommener Schutz

Wolle ist ein Material mit tatsächlich erstaunlichen Eigenschaften. Sie kann über längere Zeit Wasser abweisen und ist so ein guter Schutz gegen Feuchtigkeit, falls diese nicht zu massiv ist. Nachdem die Faser beginnt, Nässe durchzulassen, nimmt sie diese in Form von Wasserdampf auf, und zwar bis zu einem Drittel des Trockengewichts. Gegen aussen hin fühlt sie sich auch dann noch immer trocken an. Sie bleibt zudem weiterhin voluminös und elastisch und ist trotz Nässesättigung wohlig warm. Schliesslich kann sie die aufgenommene Feuchtigkeit rasch wieder abgeben – viel schneller als zum Beispiel Baumwolle.

Wolle ist bekannt für ihre Wärmewirkung. Im Grunde genommen ist es jedoch nicht in erster Linie die Wollfaser, welche für Wärme sorgt, sondern die Luft, welche zwischen den Fasern liegt und bekanntlich gut isoliert. Die Wollfaser selbst sorgt dafür, dass die Körperwärme nicht verpufft, sondern reflektiert wird und sich so der Körper mit seiner eigenen Wärme warm hält.

Trotzdem war Wolle bei Sportlern lange Zeit in Verruf geraten. Man schwor auf Microfasern, weil diese beim Schwitzen die Haut nicht feucht anfühlen lassen. Doch sollten die wenigen, die der Wolle die Treue hielten, recht bekommen: Neuste Tests zeigen, dass Wollunterwäsche der Funktionsunterwäsche punkto Trockenheit auf der Haut mindestens ebenbürtig ist, aber sie kann darüber hinaus noch mehr: Sie gibt noch warm, auch wenn sie bereits durchgeschwitzt ist, und ein weiteres Plus, das nicht zu unterschätzen ist: Sie nimmt keinen Schweissgeruch an und erholt sich zwischen den Einsätzen immer wieder, ohne gewaschen werden zu müssen. Unterdessen bieten einige Sportkleiderhersteller eine Kollektion an wollener Funktionswäsche in modernem Design an.

Das Schafwollhaar besteht aus drei Schichten: der Schuppendecke, dem Faserstamm und dem Markkanal. Um feinere Wolle zu erhalten, wurde der borstig wirkende Markkanal weggezüchtet. Das Haar der Merinoschafe zum Beispiel hat keinen Markkanal mehr und ist deshalb so angenehm zum Tragen.

Das Haar selbst besteht aus höchst kompliziert aufgebauten Eiweissfasern, die dank der rund zwanzig unterschiedlichen Bausteine sowohl basisch als auch sauer sein können und somit die unterschiedlichsten Verbindungen mit anderen Stoffen eingehen können. Dies ist der Grund, warum Schafwolle eine so hohe Reinigungs- und Selbstreinigungskraft hat, aber auch, warum sie sich so gut färben lässt.

Wer das Haar oder besser gesagt den Faserstamm des Schafwollhaares unter das Mikroskop legt und es gleichzeitig Feuchtigkeit aussetzt, wird Zeuge eines kleinen Wunders: Der Faserstamm besteht aus zwei unterschiedlichen Seiten, wobei die eine

Schafwollgedanken spinnen

Weiche, duftende Wärme – das Schaf und seine Wolle. Der Griff ins dichte Fell ist mit nichts zu vergleichen. Der Duft nach Wollfett und diese unendlich weiche Sanftheit des Pelzes lassen ein Gefühl von Geborgenheit aufkommen.

Wolle begleitet kleine Menschenkinder vom ersten Tag ihres Lebens an. Man legt sie auf ein Lammfell zum Schlafen, und ein bisschen gibt man ihnen damit das wärmende Organische des Mutterbauches zurück. Das Ankommen und Heimischwerden auf der Erde fällt viel leichter, wenn man mit Schafwolle in Berührung kommt. Erwiesenermassen verringert der enge Kontakt mit dem Schaffell und den Milben, die es bewohnen, sogar das Risiko, in späteren Jahren an Asthma zu erkranken.

Wer sich in Wolle kleidet, tut sich energetisch etwas zuliebe: Der Körper wird dank der engen Verbindung der Schafwolle zur Lebensenergie gestärkt und vitalisiert. Im Gegensatz dazu entziehen ihm synthetische Fasern, die aus Erdöl gewonnen werden, langfristig Energie. Und die Ökobilanz ist erst noch perfekt, denn Wolle wächst nach und die Verarbeitungsprozesse erfordern ihrerseits kaum fossile Energie. Dafür aber viel Handarbeit! Und aus diesem Grund ist die Wolle ein kostbares Gut, das sich der heutige Mensch kaum mehr fair produziert leisten will.

Wie wichtig sonnenhafte oder herzliche Wärme für den Menschen ist, zeigt sich im Sozialen: Strömt einem Wärme entgegen, fühlt man sich willkommen und wohl. «Du bist in Ordnung, du gehörst dazu», sagt die Wärme zum Herzen des Menschen. Bei einem kalten Empfang zieht es sich zusammen, verschliesst sich und lässt das Gefühl aufkommen, man sei fehl am Platz. Die Wolle aber raunt dem Menschen andauernd zu: «Du bist goldrichtig, du bist willkommen.»

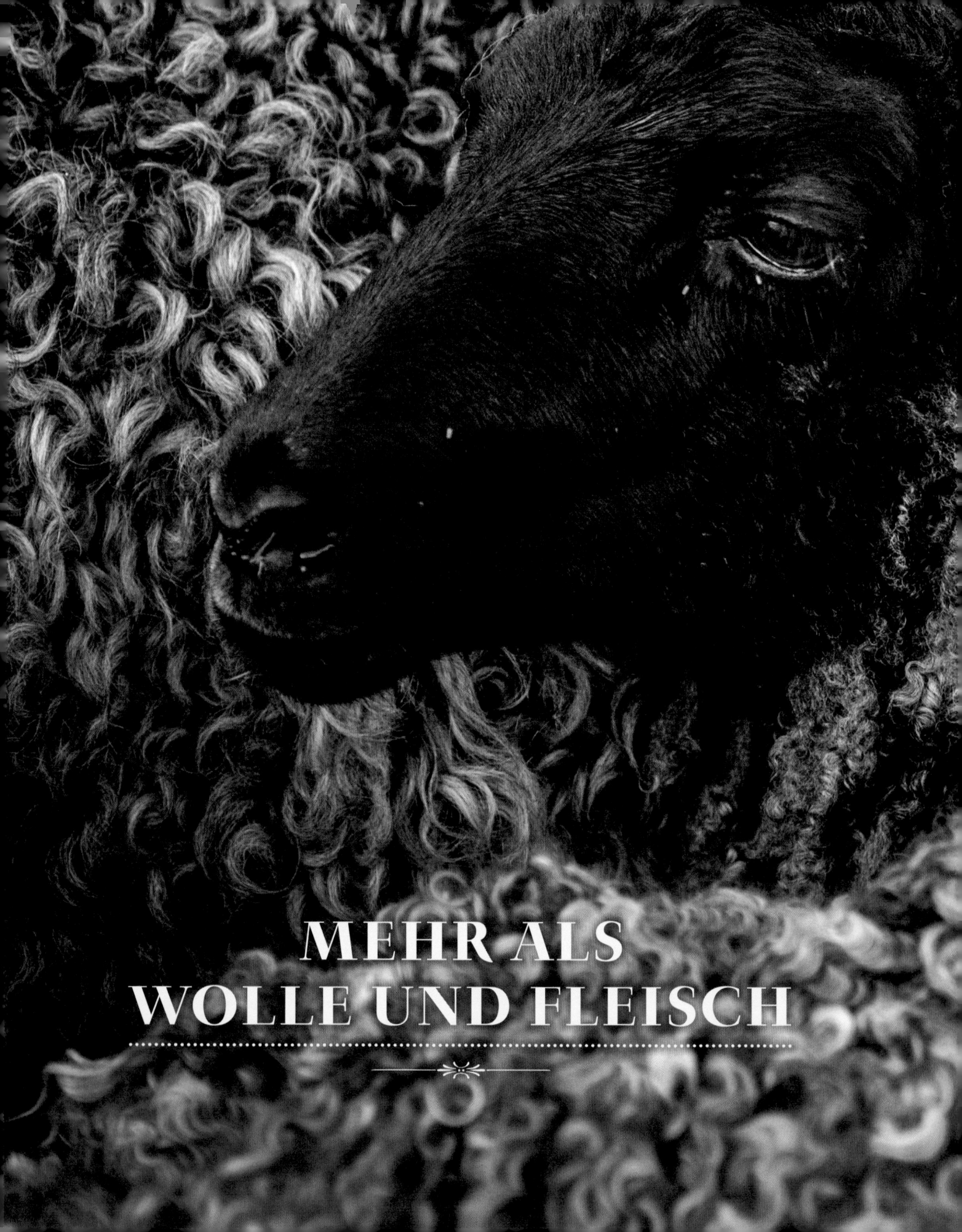

MEHR ALS
WOLLE UND FLEISCH

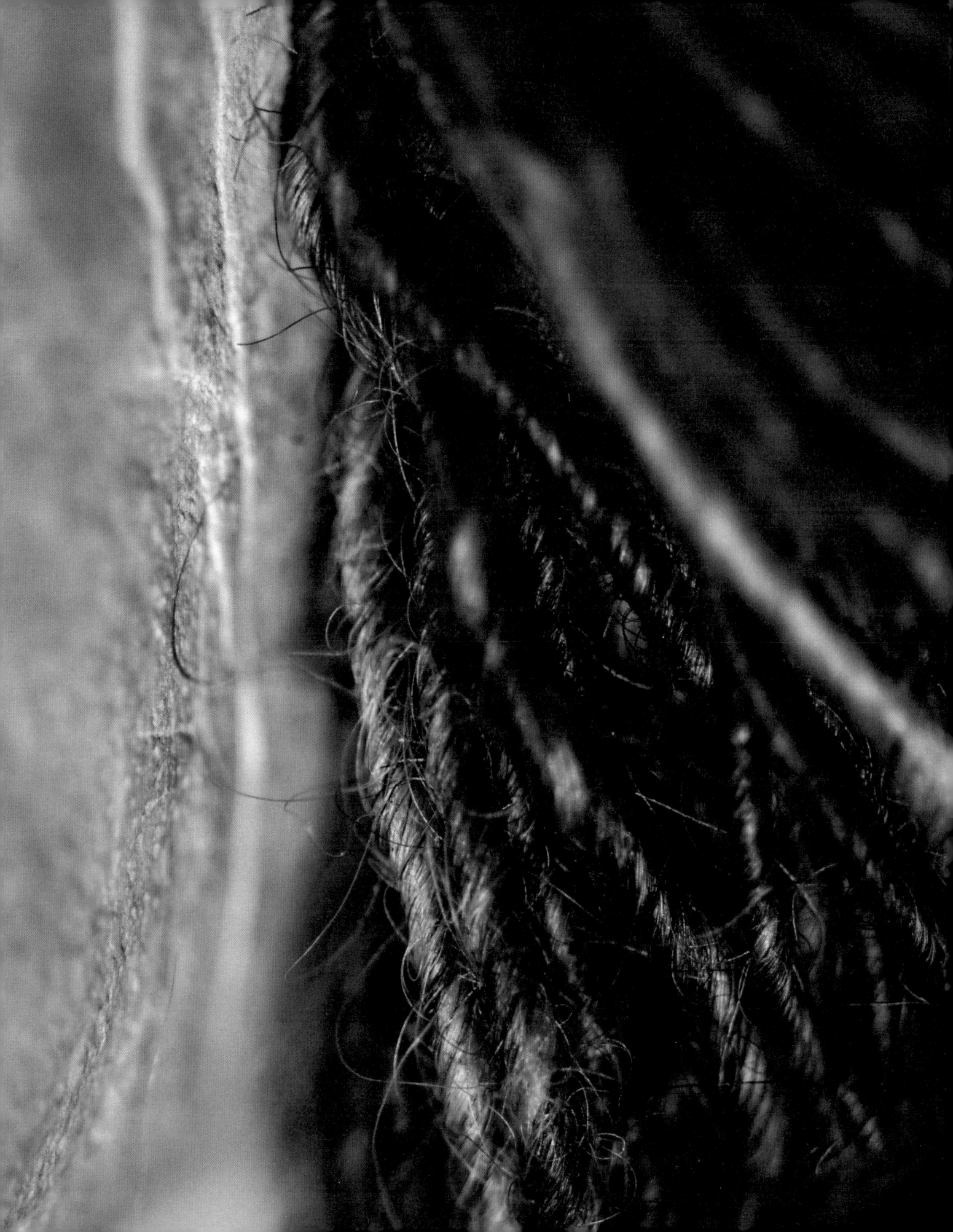

Schafschur

Geschoren werden ist ein bisschen wie zum Arzt oder zum Zahnarzt gehen. Da kommt leicht Stress auf. Manche Schäfer empfehlen, beim Scheren Musik abzuspielen. Zumindest entspannen sich dabei die Menschen.

Das Scheren wird dann zur Qual, wenn alles so rasant schnell gehen muss, weil der Scherer mehr kostet als die geschorene Wolle schliesslich einbringt. Manche Schafhalter scheren ihre Schafe am liebsten selbst. Da ist dann nicht grosser Schafschurtag angesagt, an dem alle unter grosser Anspannung stehen und es möglichst schnell gehen muss. Wenn mir eine bestimmte Wolle besonders wertvoll und wichtig ist, schere ich einige unserer Schafe ebenfalls selber. Dann kann ich die Wolle dann nehmen, wenn sie gerade am schönsten ist und bevor sie wieder verdreckt.

Ich habe es sogar bei einigen Gotländerböcken erlebt, dass sie sich, während ich sie im Stehen schor, während der Schur einfach hinlegten. So etwas hatte ich zuvor noch nie erlebt, aber das ist eben typisch Gotländer: Hauptsache nicht konventionell! Sie können sich dann nämlich beim üblichen Scheren auf dem Rücken liegend mit aller Kraft dagegen sträuben!

Interessant finde ich eine Vorrichtung, die in Schweden scheinbar häufig benutzt wird. Es ist ein höhenverstellbarer Stand, auf dem das stehende Schaf fixiert wird und der es einem ermöglicht, selber stehend das Schaf bequem zu scheren.

Bei allen Schafen ausser bei den eigenwilligen Gotländern bleibt auch beim Selberscheren ein mehr oder weniger grosser Rest an Unbehagen. Wenn man sie jedoch im Stehen schert und beruhigend auf sie einwirkt, kann man das Stresspotential schon deutlich verringern. Allerdings ist das bei einer grösseren Herde fast nicht machbar, und so kommt dann eben doch der grosse Schertag, und nach wenigen Minuten ist es für jedes Schaf vorüber. Wir haben das grosse Glück, einen guten Scherer zu haben, der einfach die Ruhe selbst ist und bei dem nie Hektik aufkommt. Ich hoffe, er bleibt uns noch lange erhalten!

Nach der Schur scheinen sie sich richtig befreit zu fühlen, manchmal wird ein Schaf sogar kurz in seine Lämmchenzeit zurückversetzt und lässt sich zu ein paar Freudensprüngen hinreissen.

Den richtigen Zeitpunkt für die Schur zu erwischen, ist hier in den Bergen eine Herausforderung. Zwar können die Tage im Mai oder Juni schon sehr warm sein, aber es kann durchaus auch noch einmal richtig schneien und Nachtfrost geben. Die bekannte Schafskälte im Juni – der Name sagt es – ist hierzulande ein heikler Moment mit viel Kälte und Nässe.

Hoch lebe die Sippe

Man nehme eine Herde, in der sich Schafe der unterschiedlichsten Rassen befinden und in der es Familienverbindungen oder Gruppen gibt, die anderswo aufgewachsen und erst später zur Herde gestossen sind. Nun überlasse man diese Herde sich selbst. Es wird nicht lange dauern und die Schafe derselben Rasse werden sich zusammenschliessen und von den übrigen ein bisschen abgesondert gruppieren. Familienbande sind oft sehr stark und halten ein Leben lang. So kann man immer wieder beobachten, dass eine ganze Sippe, bestehend aus Grossmutter, Mutter, Tochter und Enkel, abseits der restlichen Herde beieinandersteht. Die Trennung von der Herde ist nie strikte, aber mehrmals am Tag suchen sich die Ähnlichen und sondern sich ab.

Innerhalb dieser Gruppierungen gibt es wiederum engere Zusammen- oder Ausschlüsse. Schafe haben offensichtlich eine Wahrnehmung des Fremden, desjenigen, was anders ist. So wird das schwarze Schaf in einer weissen Herde tatsächlich wahrgenommen. Auch in einer Gruppe mit Mischlingen, in der die Toleranz für das andere zwar grösser ist, zeigt sich jeweils bald, welches Erbe dominiert und zu welcher Gruppe das Schaf gehören wird. Woran genau die Schafe das ausmachen? Ist es die Grösse, das Verhalten, das Äussere? Manchmal wechseln Schafe die Gruppe, in die sie einmal hineingeboren wurden. Wir hatten einen WAS-Skudden-Mischling, dessen Mutter ein WAS-Schaf war, so dass das Kleine also in der WAS-Gruppe aufwuchs. Später hat sich dieser Mischling, vom Aussehen und von der Grösse her eher eine Skudde, zur Skuddengruppe gesellt und ist auch ein Leben lang dabei geblieben.

Dieses Gruppenverhalten kann man sogar bei den Böcken beobachten. Wenn so eine Gruppe von Böcken getrennt von den weiblichen Tieren über einen gewissen Zeitraum zusammengewachsen ist, dann sind sie richtige Kumpels geworden, und selbst wenn sie dann einmal in die Herde zu den Auen gelassen werden, vereinen sie sich tatsächlich schnellstens wieder zu ihrer Männergruppe. Wenn also keine brünstigen Auen da sind, wollen sie gar nichts wissen von den Weibern und lieber untereinanderbleiben.

Das Fremde wird nicht bekämpft. Die verschiedenen Gruppen haben allgemein wenig Interesse füreinander, Kämpfe finden immer nur statt, um die Rangfolge zu klären, und da spielt es keine Rolle, welcher Rasse ein Schaf angehört. Für uns ist es oft lustig zu beobachten, dass keiner zu klein ist, um gegen einen Goliath anzutreten, ganz nach dem Motto: «Wer nichts wagt, kann auch nichts gewinnen.» Schafe sind aber mehrheitlich tolerant und friedfertig, und das macht sie ja auch so liebenswert. Da entstehen auch rührende Freundschaften zu den anderen Tieren ihrer Umgebung.

Masse und Dummheit

Das Schaf liebt es, in der Gruppe zu sein, und es folgt gerne einem Führer. Diese zwei Eigenschaften haben dem Schaf den Ruf eingebracht, dumm zu sein. Vielleicht, weil der Mensch nicht immer die besten Erfahrungen mit Führern und in der Gruppe gemacht hat. Beim Menschen scheint es nicht gut herauszukommen, wenn er seine eigene Wahrnehmung und Urteilsbildung ausschaltet und sich blind einem Führer unterordnet. Beim Schaf ist das ganz anders. Es ist erst richtig Schaf, wenn es nicht allein ist und wenn es sich einer Instanz anvertrauen kann.

Auch im Menschen gibt es ein inneres Schäfchen, das es liebt, wohlig-wollig in der Gruppe zu kuscheln, die Wärme der Familie um sich zu spüren und jede Verantwortung an ein höheres Wesen abzugeben, dem es vollkommen vertraut. Dieses Vertrauen wurde jedoch bei den meisten Menschen durch schlechte Erfahrungen gründlich zerstört. Über den Weg der scheinbaren Isolation von der Gruppe hat der Mensch sich selbst zu erkennen. Aus dieser Selbstständigkeit heraus kann er in Freiheit wieder ein Bewusstsein für die Gruppe, die Gemeinschaft mit allen Wesen bekommen. Hingabe bewusst zu leben, ist ein Zeichen der Weisheit. Das Schaf hat diesen Weg nicht nötig. Es ist auf naturgegebene Art weise, weil es gar nie aus der grösseren Gemeinschaft hinausgefallen ist.

Von wegen dumm: Wissenschaftliche Studien mit Schafen haben Erstaunliches an den Tag gebracht: Schafe sind nicht dumm. Im Gegenteil. Wo eine Katze sich gerade drei Gesichter merken kann – mehr Bezugstiere braucht sie nicht –, bringen es Schafe auf mindestens fünfzig unterschiedliche Individuen, in Bezug auf Menschen ist die Zahl etwas kleiner. Ein Schaf kann die Gesichter auch nach zwei Jahren sogar unter erschwerten Bedingungen wiedererkennen.

Ebenfalls wissenschaftlich erforscht wurde das Erinnerungsvermögen der Schafe beim Suchen eines Weges durch ein Labyrinth. Können sie sich an den einmal gefundenen Weg so gut erinnern, weil sie von ihrem Instinkt geführt werden? Oder gibt es einen Schafsverstand, der Erfahrungen speichert und von dem das Schaf profitieren kann? Jedenfalls schneiden Schafe, die eine Substanz verabreicht bekommen, welche das Gedächtnis beeinträchtigt, schlechter ab.

Und auch Medikamente, die ihnen in unterschiedlichem Futter verabreicht wurden, werden gespeichert: Dasjenige, das einmal Heilung gebracht hat, wird später aus einer grösseren Auswahl wiedergewählt, wenn dieselben Krankheitssymptome auftauchen.

Ein Schaf allein ...

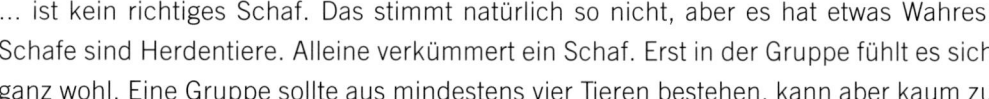

... ist kein richtiges Schaf. Das stimmt natürlich so nicht, aber es hat etwas Wahres: Schafe sind Herdentiere. Alleine verkümmert ein Schaf. Erst in der Gruppe fühlt es sich ganz wohl. Eine Gruppe sollte aus mindestens vier Tieren bestehen, kann aber kaum zu gross sein. Sie kann ohne Weiteres bis zweitausend Tiere umfassen.

Das einzelne Schaf hat einen einmaligen Charakter, individuelle Eigenheiten und Vorlieben. Diese können natürlich erst wahrgenommen werden, wenn eine Beziehung zu einem Menschen besteht, und sie scheinen sich sogar unter menschlicher Obhut erst so richtig herauszubilden. Vielleicht färbt die Nähe zum Menschen ja ab? Ja, es können sehr persönliche Beziehungen zwischen einem Schaf und einem Menschen entstehen. Der Mensch kann jedoch nie ein ebenbürtiger Ersatz für eine Schafgruppe sein.

Ohne Herde fehlt dem Schaf die Familie. Die Herde ist wie die Erweiterung des Schaffells – sie schützt, sie lässt einen Raum entstehen, in dem das Schaf einen Rahmen und Geborgenheit erfährt. In diesen Raum gehört ein Leitschaf, an dem es sich orientieren kann, und je nachdem gehören ein Hirte, Hunde, ein Esel dazu. Die Herde als Ganzes gibt ihm erst wirkliche Schafsidentität.

Wie überall in der Nahrungsmittelproduktion sollten Schlachtlämmer einem perfekten Mittelmass entsprechen: nicht zu leicht, nicht zu schwer, nicht zu mager, nicht zu fett. Wenigstens brauche ich mir darüber nicht den Kopf zu zerbrechen! Bei unseren Schafen, die nur Gras und Heu bekommen, und dies nicht im Übermass, sind solche Extreme selten. Aber wer eiweissreiches Kraftfutter erhält, dessen Körper kann munter drauflosproduzieren: Fett, Fleisch und Wolle.

Bei mangelhaftem Futter können die Schafe keine schöne Wolle entwickeln. Und wenn man nach der Schur eines solchen Wollproduktionswundertieres den riesigen Wollhaufen betrachtet, kann man leicht nachvollziehen, dass dieser Proteinberg auch aus irgendetwas entstanden sein muss. Und das lässt einen dann doch staunen: Das alles leisten die Schafe einzig und allein mit ihrer verhältnismässig einfachen Nahrung.

Das Schaf kann tatsächlich auch in äusserst kargen Gegenden überleben, weil es in der Not auch aus Blättern, Gehölz und Dornen Kalorien gewinnen kann. Zusätzliche Speicheldrüsen im Mund und eine starke Verhornung der Mundschleimhaut, damit kann grobes pflanzliches Material verletzungsfrei zerkleinert und in den Magen transportiert werden. Und dank einer speziellen mikrobiellen Verarbeitung kann der mehrteilige Wiederkäuermagen aus schwerst verdaulicher Pflanzennahrung Kohlenhydrate aufschliessen. In die Verdauung von «schlechtem» Futter muss mehr Energie in die bakterielle Vorverdauung gesteckt werden. Aus diesem Grund ist die Futterverwertung bei Schafen vergleichsweise schlechter als zum Beispiel beim Schwein.

Das Wiederkäuen ist eine grossartige Anpassungsleistung an eine gefahrvolle Umwelt: Das Schaf kann in kurzer Zeit viel Nahrung einverleiben, wofür es den Kopf so nahe auf den Boden senken muss, dass es die Umgebung nicht mehr in der erforderlichen Weise kontrollieren kann und so Feinde weniger schnell bemerkt. An einem geschützten Ort wird dann das rasch verschlungene Material wiedergekäut. Nun hat das Schaf die nötige Ruhe für den je nach Beschaffenheit der Nahrung sehr lange dauernden Verdauungsprozess, den es sichtlich geniessen kann. Das Kauen und Wiederkäuen kann das Schaf bis zwei Drittel des Tages beschäftigen. Kraftfutter dagegen wird schnell verdaut, aber insgesamt hat es so viele gesundheitliche Nachteile, dass man lieber darauf verzichtet.

Was Schafmägen mögen

Die Meinung, dass ein Schaf nicht viel brauche, hält sich hartnäckig in den Köpfen der Menschen. Vor nicht allzu langer Zeit hielten die Bauern hierzulande ein paar Schafe für die «Abfallverwertung» – die Schafe bekamen zu fressen, was das Grossvieh übrig gelassen hatte. Leider kann aber auch ein Schaf nicht von Luft und Liebe allein leben. Luft ist zwar schon mal sehr gut, Liebe schadet sicher auch nicht, aber ohne das richtige Futter gedeiht auch ein Schäfchen nicht. Und das richtige Futter – Gras und Heu – ist nicht immer überall verfügbar. Ideal ist es in jenen Ländern, in denen die Schafe frei umherlaufen können, oder auf einer Alp, wo sie ein grosses Weidegebiet haben, weil sie sich da selber aussuchen können, was für sie gut ist. In der Koppelschafhaltung sind die Schafe auf Gedeih und Verderb dem ausgeliefert, was wir ihnen einzäunen. Und das ist nicht immer das Beste.

Das richtige Weidemanagement ist eine Wissenschaft für sich. Schafe reagieren sehr heikel auf falsche Nahrung. Das hat mit ihrer komplexen Verdauung zu tun. Jedenfalls quittieren sie falsches Futter sofort mit Durchfall oder Schlimmerem.

Eigentlich lauern überall Gefahren: Zu viel ist nicht gut, zu wenig natürlich auch nicht. Zu jung darf das Gras nicht sein, zu alt aber auch nicht. Zu viel Protein ist gefährlich, zu wenig ist auch schlecht, besonders bei trächtigen oder säugenden Muttertieren.

Nach der Winterperiode, wenn die Schafe wieder Weidegang haben, muss man die Futterumstellung vorsichtig angehen und sie allmählich ans neue Futter gewöhnen. Das junge Gras wird natürlich gierig verschlungen, aber zu viel davon verursacht ein folgenschweres Verdauungsdurcheinander.

Als Berglerin bin ich mir die Schafe aus den Berggebieten gewohnt. Da wundere ich mich dann manchmal beim Anblick von Schafen aus dem Unterland, die oft eher Mastschweinen gleichen. Dann frage ich mich natürlich unweigerlich: «Sind unsere Schafe zu mager? Bekommen sie etwa nicht genug zu fressen?» Aber wenn ich dann sehe, wie diese adipösen Schafe bei jeder kleinsten Anstrengung um Luft ringen, dann weiss ich, dass unsere Schafe nicht zu mager sind, sondern gesund. Sie können noch laufen, und das sogar bergauf! Allerspätestens dann, wenn man einmal so einen verfetteten Schlachtkörper gesehen hat, wird einem klar, wie widersinnig das Ganze ist: Da wird mit grossem Aufwand lauter Abfall produziert, denn kein Mensch möchte so viel Fett am Fleisch auf seinem Teller haben. Also wird es weggeschnitten und entsorgt.

der Skudden sehr fein und delikat ist, die Ausbeute ist im Gegensatz zu den Fleisch-rassen sehr gering. Daher sehen wir sie in erster Linie als Landschaftspfleger, denn sie können in dem steilen Gelände in Bezug auf Trittschäden enorm punkten. Zudem können sie auch auf den Magerweiden noch gedeihen, wo das Nährstoffangebot für die WAS-Schafe einfach zu gering ist.

Das **Scottish-Blackface-Schaf** zählt zu den Hochlandschafrassen Grossbritanniens. Es ist eine attraktive, robuste, alte Rasse, bei der das gefleckte, mehrheitlich schwarze Gesicht und die unbewollten schwarzen Beine im Gegensatz zum weissen Fell als Ers-tes auffallen. Männliche und weibliche Tiere der Scottish Blackface tragen Hörner, wobei vor allem diejenigen der Widder im Laufe der Jahre imposante Schnecken bilden.

Als letzte Schafgruppe sind die hornlosen **schwedischen Gotländer Pelzschafe** zu uns gestossen. Sie sind auch eher zierlich, dabei aber noch relativ gross und sehr wetter-hart und robust. Was nun aber einmalig ist, ist ihr Fell. Wie mit Worten beschreiben? Seidenweich, silbergrauschwarz und lockig, pure Magie der Tönungen und Strukturen, das den Betrachter entführt und verführt. Die Wolle der Gotländer inspiriert zu den wundervollsten Kreationen. Was bei den Gotländern kaum vorkommt, ist ganz weiss oder ganz schwarz, dazwischen aber einfach alles. In Schweden werden sie in erster Linie für die Fellproduktion gezüchtet. Die Felle sind wirklich ausserordentlich schön und einfach besonders im Vergleich zu den meisten anderen Schaffellen.

Schaf ist nicht gleich Schaf – ganz offensichtlich. Jede Rasse hat ihre Eigenheiten, die mich umso mehr begeistern, je besser ich sie kennen lerne. Ob Scottish Blackface, Gotländer oder Alpenschaf: Sie alle erzählen eine lange Geschichte einer bestimmten Gegend mit anderen Bedingungen. Mich sprechen besonders die urtümlichen, archa-ischen Schafe an, die mit Raufutter auskommen und dieses gut verwerten können. In der Zucht versuche ich, die positiven Eigenschaften zweier Rassen und zweier Charak-tere miteinander zu verbinden – und natürlich ist das Resultat dann immer eine grosse Überraschung.

Unsere Herde besteht im Sommer aus rund hundertachtzig Tieren, etwa hundert davon überwintern im Stall. In der Bockgruppe sind durchschnittlich acht bis zehn Tiere.

Meine Schafherde

Vielleicht fasziniert mich an den Schafen am allermeisten ihr Vlies. Ich könnte mich stundenlang in die unterschiedlichen Farben und Strukturen der Wolle versenken, sehend und tastend. So fand ich es mit der Zeit schade, eine Herde zu haben, die aus bloss einer einzigen Rasse bestand, in unserem Fall aus WAS-Schafen. Das WAS-Schaf ist ein ausgezeichneter Fleischlieferant, aber leider in Bezug auf die Wolle für mich völlig uninteressant. Obwohl es rein wirtschaftlich gesehen viel sinnvoller wäre, nur die Fleischrassen zu halten, und obwohl der Arbeitsaufwand bei einer Herde aus verschiedenen Rassen viel grösser ist, musste ich als Schaf- und Wollfanatikerin angesichts von so einer grossen Auswahl an völlig unterschiedlichen Rassen unbedingt auch ein paar behornte und Wollschafe haben. So haben sich mit der Zeit je eine Gruppe von Skudden, Scottish Blackface und Gotländer Pelzschafen dazugesellt.

Natürlich haben wir noch immer etliche WAS-Schafe, denn sie stammen hier aus der Gegend und sind an die rauen alpinen Bedingungen optimal angepasst. (WAS ist die Kurzbezeichnung für das «Weisse Alpenschaf», das selbstverständlich auch ab und zu einmal schwarz sein kann.) Sie sind besonders gross, robust und gute Berggänger. Der Gesichtsausdruck des WAS-Schafs ist einfach lieb, anders kann ich das nicht nennen. Vielleicht, weil es ein recht breites Maul und keine Hörner hat. Die Wolle reicht bis zur Augenlinie, was ein bisschen den Eindruck erweckt, als trüge es eine Kappe. Aber leider ist die Wolle zum Filzen völlig ungeeignet, und auch die Felle finde ich nicht wirklich brauchbar.

Die **Skudden**, kleine, aber robuste Heide- oder Landschafe nordischer Herkunft, stehen auf der Liste der bedrohten Schafrassen und haben nur dank dem Engagement von so verrückten Züchtern wie uns überleben können. In ihrer ursprünglichen Heimat, dem Baltikum und Masuren, sind sie ausgestorben. Als Erstes fallen die prächtigen Schneckenhörner der Böcke auf und ihre langen, etwas zotteligen Haare, die von braun über grauschwarz bis weiss gefärbt sein können. Sie sind scheu wie die Wildschafe, aber sehr verspielt und bewegungsfreudig. Auch sie sind es gewohnt, an mageren Standorten zu überleben. Die Skudden haben noch ganz viel Wildschafeigenschaften, sie suchen nicht unbedingt menschliche Nähe. Aus den Landschafrassen lassen sich generell keine marktfähigen Schlachtlämmer produzieren. Auch wenn das Fleisch

Prächtig gehörnt: Bock legt sich mächtig ins Zeug

Widder mit imposanten Hörnern drohten fast ganz aus unserem Landschaftsbild zu verschwinden. Dank Schafhaltern, die den Wert der alten robusten Rassen wieder entdeckt haben und mit Begeisterung Skudden, Heidschnucken und Walliser Bergschafe halten, sind sie wieder anzutreffen, die prachtvoll Gehörnten. Wer bei der ersten Begegnung ohne Staunen bleibt, trete vor!

Es gibt traditionelle hornlose Rassen, und auch bei den Auen, den weiblichen Tieren, sind Hörner eher selten. Aber je urtümlicher eine Rasse ist, desto eher tragen beide Geschlechter Horn, wobei die imposanteren Hörner immer auf dem Kopf des Bocks zu finden sind. Interessant ist, dass sich bei den kastrierten Böcken, den Hammeln, die Hörner nicht richtig entwickeln, sie verkümmern regelrecht.

Die Hörner bestehen aus fester Hornsubstanz und wachsen lebenslänglich mit, sie werden nicht periodisch abgestossen wie beispielsweise das Geweih des Hirschs. Hörner entstehen über den Knochenzapfen auf der Stirn, indem die darüberliegende Haut Hornzellen abscheidet, die schliesslich eine harte Hornscheide bilden. Die ältesten Hornschichten werden dabei immer weiter Richtung Spitze verschoben.

Wie das Haar des Schafs, so ist auch das Horn meist elegant geschwungen, von einfach und schlicht bis prächtig und mächtig. Da gibt es die imposanten Schneckenhörner der Skuddenböcke. Sie sind so kunstvoll, so vollendet schön und muten archaisch an, dass man sie, wenn der Bock das Zeitliche segnet, keinesfalls entsorgen kann. Manchmal schmücken sie den Hirtenstab, manchmal den Hauseingang. Und im prosaischen Fall geben sie im Laufe der Jahre der Erde ihre reiche Substanz zurück.

Ein Schaf, das Jakobsschaf, treibt es mit den Hörnern auf die Spitze: Ihm stehen vier bis sechs Hörner vom Haupt ab. Eine Herausforderung für unsere Sehgewohnheiten, aber nichts Neues unter der Sonne, stammt das Jakobsschaf doch laut Legende aus der Zucht des alttestamentarischen Jakob.

Ich bin dann mal weg, oder: Der gute Hirte

Nach all der Zeit, in der das Schaf durch den Menschen vor natürlichen Feinden geschützt war, ist es noch immer das ausgesprochene Fluchttier geblieben, das in ständiger Wachsamkeit seine Umgebung nach Gefahren abscannt und bei der geringsten verdächtigen Bewegung mit Wegrennen reagiert. Die fast sprichwörtlich friedliche Ruhe, die über einer Schafherde liegen kann, ist immer ein labiler Zustand. Das Schaf mag noch so entspannt wirken – da gibt es eine permanente Wachsamkeit, die es von einem Augenblick zum andern die Flucht ergreifen lässt. Und die andern tun es ihm gleich nach – auch wenn sich alles als blinder Alarm erweisen sollte. Wenn das ranghöchste Schaf, das Leitschaf, ruhig bleibt, lassen sich die anderen dadurch beeinflussen. Aber auch ein gutes Leitschaf bleibt ein Fluchttier, wenn auch ein sehr besonnenes.

Schäfer und Hütehunde sorgen seit je für mehr Ruhe in der Herde. Zwar fürchtet das Schaf prinzipiell auch den Hütehund, aber es weiss, dass ihm bei korrektem Verhalten keine Gefahr von seiner Seite droht. Der Hund vermittelt mehr Beruhigung als Stress, vielleicht, weil er dem Schäfer bedingungslos gehorcht. Und das Schaf vertraut dem Schäfer bedingungslos.

Es kommt aber dennoch immer wieder vor, dass ein Bock einen Menschen angreift. Aber dies tut er nie, weil ihm Gefahr von Seiten des Menschen drohte, sondern weil der Bock mit ihm kämpfend die Rangordnung regeln will. Das tun Böcke auch untereinander sehr gerne. So ein bisschen putschen und rangeln – und dann ist wieder gut. Den Menschen attackiert er nur dann, wenn er sich entweder in die Enge gedrängt fühlt oder wenn der Mensch sich so verhält, dass der Bock ihn als Kollegen anschauen muss. Und da die Kraft eines Widders nicht zu unterschätzen ist, lohnt es sich, ein paar Verhaltensregeln einzuhalten.

Aufgrund seiner Physiognomie – die Augen stehen frontal und nahe beieinander – gehört der Mensch zu den Feinden des Schafs. Genauso wie der Wolf, der Bär und der Tiger. Nun ist aber eigenartigerweise gerade dieser Mensch «der gute Hirte» geworden, der das Schaf vor Gefahren schützt und für genügend Futter sorgt. Er bleibt «der gute Hirte», auch wenn er die Schafe nicht artgerecht behandelt, und er bleibt es selbst dann, wenn er den Schafen schadet. Da möchte man den Böcken geradezu Mut machen, dass sie ein- oder zweimal mehr putschen. Schon mancher ist zur Vernunft gekommen, wenn er mal so richtig auf dem Boden gelandet ist.

Er muss die Schafe lesen und verstehen, aber er muss sie so weit frei lassen, damit sie ihrem Herdeninstinkt folgend sich auf dem weitläufigen Gelände bewegen können. Die Herde steht nie still, langsam wandert sie, gehend, fressend, verdauend, und der Hirt bleibt in gebührendem Abstand, damit die Tiere nicht durch unnötige Unruhe angetrieben werden. Fast eine träumerische Bewegung in friedlicher Langsamkeit.

So bleibt der Hirte oft sinnend sitzen auf einer exponierten Stelle. Hier oben ist es still. Ausser dem Schrei einer Alpendohle, dem Glucksen eines Bächleins und dem rupfenden Geräusch der weidenden Schafe in der Nähe ist einfach nichts zu hören. Jede Hektik entfällt, jedes Ziel verliert seine Anziehung, weder Besitz noch Abenteuer locken. Und dann die Nächte. Vielleicht müssen die Schafe abends eingepfercht werden. Der Hütehund hilft sie ohne Aufregung einsammeln. Vielleicht wurden in der Gegend bisher keine Wölfe gesichtet, so dass die Schafe oben bleiben können. Jedes sucht sich seinen Platz, die einen dicht gedrängt in der Gruppe, die anderen mit etwas Raum um sich. Die Sterne wachen. Der Hirte hat sein Lager in einer einfachen Alphütte oder in einem der traditionellen Schäferwagen. Es bleibt nicht viel Zeit zum Kochen, aber das Licht der Berge und die würzige Luft machen aus jedem noch so einfachen Mahl ein sättigendes Festessen.

Nur wenige Stunden ist es dunkel, schon bald dämmert es im Norden, die Sonne bringt die umliegenden Berggipfel zum Glühen. Ein neuer Tag ist erwacht. Es gibt auch Morgen, an denen ihn der aufs Hüttendach trommelnde Regen weckt. Oder alles ist ganz ungewohnt still, wenn der Hirte die Augen aufschlägt, und er staunt mitten im August in eine frisch verschneite Welt hinaus. Dann bleiben die Schafe in der Nähe der Hütte, denn die Absturzgefahr wird bei Nässe grösser.

Für Aufregung sorgen je nach Gelände verlorene Schafe oder hungrige Raubtiere. So ist auch der Hirte trotz äusserer Ruhe immer irgendwo wachsam, er bleibt mit seiner Herde in Verbindung und merkt mit den Jahren immer besser, wenn etwas nicht stimmt. Im Winter kann es sein, dass man den Schäfer am lokalen Skilift antrifft, wo er einem den Bügel reicht, oder beim Räumen der Strassen vom Schnee. Doch sein Herz ist irgendwo da oben geblieben, am leuchtenden Saum zwischen Himmel und Erde, nachdem man sich immer sehnen wird, wenn man einmal einen Sommer lang in diesem Reich verbracht hat.

Der Wanderschäfer – Natur-Idyll und harte Realität

Eine Herde ziehender Schafe, angeführt vom Schäfer, dem Esel, nebenher der Hund – ein Bild reinster Idylle. Der Wanderschäfer hat das Image des kauzigen Spinners, der am Rande der Gesellschaft lebt und lieber mit Tieren zu tun hat als mit Menschen. Wie schön muss es sein, von Ort zu Ort zu ziehen, überall willkommen zu sein, aber letztlich doch allein und ohne Sorgen um Familie und Besitz in Freiheit zu leben!

In Wirklichkeit ist heute das Leben eines Wanderschäfers extrem hürdenreich und schon kaum mehr denkbar, denn es wird immer weniger, das Land, auf dem er die ihm anvertrauten Schafe weiden lassen darf. Und die vielen Verordnungen machen ihm das Leben zusätzlich derart schwer, dass die meisten ziehenden Hirten aufgeben oder ans Aufgeben denken. Sie verbringen so viel Zeit mit mühevollem Organisieren, mit Ein- und Ausladen der Tiere in Transporter und mit nicht enden wollendem Bürokram, dass ihnen die Lust am Leben in der freien Natur vergeht.

Im Laufe der Zeit hat ein Wertewandel stattgefunden, der zur heutigen Situation geführt hat: War Schafdung früher sehr begehrt und die Wanderschäferei sogar staatlich verordnet und subventioniert, so hat heute kaum mehr jemand Interesse daran. Von Seiten der kuhhaltenden Landwirte kommt sogar dann und wann der Vorwurf, dass ihre Kühe von einer Weide nicht mehr fressen würden, nachdem im Winter Schafe durchgezogen waren. Dabei wäre eine Mischbeweidung sogar positiv einzustufen, unter anderem wegen der Parasiten, die so besser in Schach gehalten werden können.

Heute werden Schafe subventioniert, weil sie Landschaftsschutz betreiben – sie sorgen dafür, dass Weideland nicht verkrautet oder gar verholzt und dass die Erde immer schön festgetreten wird und damit nicht der Erosion zum Opfer fällt. Dies ist vor allem auf den Deichen im Norden Europas der Fall. Im immer stärker industrialisierten Flachland braucht die Landschaft die Schafe nur noch an sehr ausgewählten Orten, neuerdings zum Beispiel entlang der Bahndämme. Sonderjobs für Schafe, aber nicht für Schäfer.

Eine andere Art des Schäferseins ist das Hirten auf einer Alp – mit den Schafen zusammenleben, sie dem weiten Raum der Alpenwelt überlassen und diesen Raum durch die eigene Anwesenheit behüten. Der Schafhirt muss ganz und gar präsent sein. Er muss Gefahren in dem teilweise schwierigen Alpgelände im Voraus erkennen können, und er muss seine Tiere durch genaues Beobachten im Bewusstsein haben, so dass er rechtzeitig erkennt, wenn eines hinkt, schwächelt oder demnächst ablammen wird.

Schafkultur

Hoch oben in den Gebirgswäldern Kleinasiens ist das Urschaf beheimatet. Es kennt sich aus in trockenem und halbschattigem Gebiet, seine Klauen tragen es leicht und sicher auf kargem, felsigem Grund. Diese Vorliebe hat es bis heute beibehalten, und bis heute bekommt es Schwierigkeiten, wenn es sich zu lange auf zu feuchtem, zu weichem Grund aufhalten muss.

Nur ungefähr kann die Spur des Schafes in seiner wilden Form bis zu den Anfängen zurückverfolgt werden. Europäische Funde sind rar, lassen aber annehmen, dass das Wildschaf schon vor annähernd einer Million Jahren in Europa beheimatet war.

Auf allen Kontinenten ausser dem australischen hatte sich das Urwildschaf ausgebreitet. Heute ist es in grosser Zahl noch im asiatischen und nordamerikanischen Raum zu finden, in Europa ist es ausgestorben. Dass der Mensch das Schaf an sich zu gewöhnen begann, muss um die zehntausend Jahre zurückliegen. Gleichzeitig und unabhängig voneinander geschah dies an verschiedenen Orten Kleinasiens, so in Anatolien und Palästina. Damals zogen die Menschen hauptsächlich als Nomaden von Weide zu Weide, was einerseits günstig war, um den Parasitenbefall möglichst gering zu halten, und andererseits dafür sorgte, dass Gebiete waldfrei und dank dem liegengebliebenen Schafdung fruchtbarer wurden. Erst mit der Domestizierung der Kuh konnten die Menschen sesshaft werden, denn die Kuh kann am selben Standort bleiben und dabei die Bodenqualität sogar verbessern. Im Gegensatz zu der Kuh hat das Schaf jedoch ein dichtes Haarkleid, das die Menschen zu Wolle verspinnen und daraus wärmende Kleidung herstellen können, ohne dass es dafür getötet werden muss. So gehören beide Tiere zum Menschen. Seit seiner Domestizierung wird das Hausschaf weltweit in Herden gehalten und gibt den Menschen Wolle, Fleisch, Milch und vieles mehr.

Hoch oben in den Alpen

Meine Schafe sind echte Bergschafe, egal, ob sie aus Schweden, Schottland oder aus dem Prättigau stammen. Sie haben unten im Tal nichts zu suchen. Die fetten, saftigen Wiesen in der Ebene gehören den Kühen. Unsere Weiden hingegen liegen hoch oben, da, wo kein Bauer seine Kühe mehr hinschicken würde, da, wo es so steil ist, dass kein anderer als ein Schafbauer mehr Zäune stecken würde. Die Schafe sind genügsam, sie beklagen sich nicht, sondern fressen das, was es gibt. Wir Schafhalter sind ihnen da ganz ähnlich. Wir schielen nicht nach den pflegeleichten Weiden, sondern steigen täglich ohne Klage all die steilen Berghänge hinauf und hinunter, oft am Ende der Kräfte, manchmal unter Lebensgefahr, immer in Sorge um die Schafe und deren Wohlergehen. Doch Abend für Abend werden wir reichlich belohnt. Dann stehen oder sitzen wir bei der Herde, vergessen alles rund um uns herum, Zeit und Welt verblassen, während wir eintauchen in den Frieden, von dem eine gut geführte Herde immer umhüllt ist. Ruhe, in der das Leben fein pulsiert, breitet sich aus. Sanfte Wellen von Zuneigung und Hingabe gehen hin und her, zarte neugierige Wachheit leuchtet auf, wir geraten in eine träumerische Stimmung. Es ist ein zeitloses Sein, an dem uns die Schafe teilhaben lassen. Alles ist vollkommen richtig so, wie es ist. Das Denken macht Pause, und wir erholen uns von all den Mühen, die das Leben eines alpinen Schafhalters mit sich bringt. In diesen Augenblicken werden wir wundersam entschädigt für unseren totalen Einsatz. Und nach einer kleinen Ewigkeit tauchen wir erfrischt und entspannt wieder auf. Wir sind wieder bereit, es kann weitergehen.

Vielleicht sind wir wegen dieser Momente so selten ernsthaft krank, wir Schafmenschen. Ich jedenfalls erlebe es so, dass ich in diesen fast magischen Auszeiten mit einer Lebenskraft in Berührung komme, die mir erlaubt, das strenge Leben hier oben zu bewältigen. Ich liebe meine Schafe, ja, ich könnte stundenlang bei ihnen sein, einfach nur schauen, mich an ihnen erfreuen und an der Schönheit ihrer Wolle froh sehen. Liebe versetzt Berge, sagt man. Da müssten unsere stotzigen Berghänge eigentlich gelegentlich zu paradiesisch angenehm flachen Weiden werden ... Doch wenn ich mich nachts hinlege oder morgens aufstehe, erinnert mich mein Körper daran, dass wir da leben, wo die Hänge steil sind, und mein Körper und ich einfach unmenschlich viel leisten müssen.

RUNDUM SCHAF

Vorwort

Katharina Favre ist Schafzüchterin aus einem winzigen Bergdorf im Prättigau, das zu erreichen für einen Unterländer eine erste Mutprobe darstellt oder aber einen ausgedehnten Bergmarsch erfordert. Die Reise in die Welt der Schafe ist eine perfekte Einstimmung für den Alltag hier oben: Da scheint einem nichts geschenkt zu werden – aber wer sich selbst zu helfen versucht, dem kommt schliesslich immer von irgendwoher Hilfe zu. Logik des Überlebenswillens.

Überlebenswillen, davon brauchen Katharina und Daniel Favre eine ganze Menge. Die Bedingungen am Steilhang sind alles andere als leicht. Aber da gibt es so vieles, was mehr als entschädigt. Die Schönheit der Berge, die Lichtverhältnisse, die manchmal von Minute zu Minute wechseln und atemberaubende Stimmungen zaubern. Die bestechenden Bilder dieses Buches haben eine ganz eigene Sprache und berühren unmittelbar. Da ist die reine, urwüchsige Schönheit der Schafe in dieser manchmal melancholischen, manchmal vor Seinsfreude überfliessenden Sehnsuchtslandschaft zu finden. Nach der Vertiefung in die Bilder wird man verändert wieder auftauchen. Man hat eine Reise in eine Welt der raunenden, stillen Geschichten ohne Worte hinter sich.

Das Unglaubliche ist, dass Katharina Favre diese Bilder während dem extrem fordernden Alltag einer Bergbäuerin geschossen hat. Sie ist meistens mit ihrer Kamera unterwegs auf die Weide zu ihren Schafen. So fängt sie Situationen ein, die man üblicherweise nicht zu sehen bekommt.

So nah und voller Hingabe mit den Schafen zu leben, macht empfänglich. Bei Katharina haben sich im Verlauf ihres Zusammenlebens mit den Schafen Antennen herausgebildet, die die feinen Bewegungen in der Schafherde wahrnehmen können und ihr dabei helfen, intuitiv die richtigen Entscheidungen zu fällen und nicht zu viel auf die Meinung anderer zu geben.

Dieser Bildband ist aus der Begeisterung für das Thema Schaf entstanden, und zwar im Jahr des Schafes gemäss chinesischem Horoskop. Er erhebt in keiner Weise den Anspruch, wissenschaftlich fundierte Erkenntnisse zu vermitteln, dafür gibt es empfehlenswerte Fachliteratur. Die Texte geben rein subjektiv Erlebtes und Empfundenes wieder und sind eine ganz persönliche Annäherung an die Welt der Schafe. Sie entspringen zum einen der realen Lebenswelt der alpinen Schafhalterin, die übrigens im Sternzeichen Widder geboren ist, zum andern sind sie die lesbare Spur eines stillen Gesprächs mit dem geheimnisvollen Wesen Schaf, aufgenommen auf der Suche nach einem tieferen Verständnis, immer mit der Einladung, dass es von jedem Leser weitergeführt werden kann.

Inhaltsverzeichnis

Rundum Schaf	**10**
Hoch oben in den Alpen	13
Schafkultur	16
Der Wanderschäfer – Natur-Idyll und harte Realität	20
Ich bin dann mal weg, oder: Der gute Hirte	26
Prächtig gehörnt: Bock legt sich mächtig ins Zeug	33
Meine Schafherde	38
Was Schafmägen mögen	44
Ein Schaf allein …	51
Masse und Dummheit	54
Hoch lebe die Sippe	59
Schafschur	60
Mehr als Wolle und Fleisch	**62**
Schafwollgedanken spinnen	65
Vollkommener Schutz	68
Wolle und Werte	74
Frau Wolle erwacht	80
Schafe sind die am wenigsten degenerierten Nutztiere	83
Lob auf die Schafprodukte in hohen Lagen	86
Sterben tun wir sowieso, aber es ist nicht egal, wie	92
Mythische Schafswelt	**94**
Walverwandtschaften	97
Ein Schaf ist ein Ja auf vier Beinen	100
Wenn die Schafe singen	105
Zwei Fabeln	107
Ludwig Tieck, der Schafflüsterer	110
Verschiedene Pelze …	113
Alpine Alltagsgeschichten	**116**
Schoggijob und Strafkolonie	119
Weg zu den Schafen	120
Jahreszeiten und Futterangebot	124
Winterfreuden	125
Das Geschenk der gerupften Grauen	129
Die Hütehunde	130
Geburt	136
Die manchmal seltsame Entstehung von Schafnamen	139
Generationen von Leitschafen	142
Violetta	143
Das verlorene Schaf	146
Die Böcke	148
Anhang	**156**
Wie ich aufs Schaf kam	156
Der rote Faden	156
Ein Brief an den Wolf	157

© 2015 Fona Verlag AG, 5600 Lenzburg
www.fona.ch

Bilder
Katharina Favre
Texte
Eva-Maria Wilhelm
Lektorat
Léonie Schmid
Gestaltung und Konzept
FonaGrafik, Melanie Graser
Druck
Kösel, Altusried-Krugzell

ISBN 978-3-03781-084-2

Katharina Favre, Eva-Maria Wilhelm

SCHAFLEBEN

FONA